Herbert Kremer • Klausur- und Abituraufgaben Mathematik

VISCOM GmbH

Klausur- und Abituraufgaben Mathematik

Grundkurs Analysis

Herausgegeben und bearbeitet von
OStR Herbert Kremer

VISCOM GmbH

CIP-Kurztitelaufnahme der Deutschen Bibliothek

Klausur- und Abituraufgaben Mathematik/hrsg. u. bearb. von Herbert Kremer

Grundkurs Analysis
ISBN 3-927025-09-7

Alle Rechte bei VISCOM Datensysteme
- Unternehmensbereich Verlag -

Buchvertrieb I. Kremer
Werkerbend 36 - 52224 Stolberg - Tel. 02402-72774

Inhaltsverzeichnis

	Vorwort	6
I.	ganzrationale Funktionen	7
II.	gebrochen rationale Funktionen	25
III.	Wurzelfunktionen	59
IV.	trigonometrische Funktionen	69
V.	Logarithmusfunktionen	81
VI.	Exponentialfunktionen	93

Vorwort

Die wichtigen Teile der Mathematik kann man wohl nur nach hinreichender selbständiger Übung beherrschen lernen. Diese Aufgabensammlung soll eine Hilfe dabei sein. Sie ist als Ergänzung und Wiederholung des Mathematikunterrichtes gedacht für Schüler der Sekundarstufe II, die das Abitur anstreben. Nichtsdestoweniger werden auch Studenten, deren Studium mathematische Inhalte umfaßt, mit "Klausur- und Abituraufgaben Mathematik" anfängliche Schwierigkeiten überwinden können.

Die Aufgabensammlung, sorgfältig ausgewählt, bietet einen repräsentativen Querschnitt der Grundfragen aus dem Bereich der Analysis. Die zahlreichen, mit ausführlichen Lösungen versehenen Aufgaben erhöhen den Wert des Buches für den Benutzer, da sie ihm eine Überprüfung des im Unterricht behandelten Lehrstoffes ermöglichen.

Stolberg, im August 1994   Herbert Kremer

ganzrationale Funktion
Funktionsuntersuchung, Flächenberechnung

Gegeben ist die Funktion $f: x \to -\frac{1}{5}(x+3)(x-1)^3$.

a) Untersuche f auf Nullstellen, Extrema und Wendestellen!

b) Zeichne den Graphen von f!

c) Die Gerade durch die Wendepunkte bildet mit den Tangenten in den Wendepunkten ein Dreieck. Berechne seinen Flächeninhalt!

d) Berechne die Maßzahl der Fläche, die von der Geraden durch die Wendepunkte und dem Graphen von f begrenzt wird!

Lösung:

a)
Nullstellen

$f(x) = 0 \iff (x+3)(x-1)^3 = 0 \iff x = -3 \lor x = 1$

Extrema

$f'(x) = -\frac{1}{5}[(x-1)^3 + (x+3) \cdot 3(x-1)^2]$

$= -\frac{1}{5}(x-1)^2[x-1+3(x+3)] = -\frac{1}{5}(x-1)^2(4x+8)$

$= -\frac{4}{5}(x-1)^2(x+2)$

$f'(x) = 0 \iff (x-1)^2(x+2) = 0 \iff x = 1 \lor x = -2$

$f''(x) = -\frac{4}{5}[2(x-1)(x+2)+(x-1)^2] = -\frac{4}{5}(x-1)(3x+3)$

$= -\frac{12}{5}(x-1)(x+1)$

$f'(1) = 0 \land f''(1) = 0 \Rightarrow$ keine Entscheidung

$f'(-2) = 0 \land f''(-2) < 0 \Rightarrow$ Max$(-2|5,4)$

Wendestellen

$f''(x) = 0 \iff (x-1)(x+1) = 0 \iff x = 1 \lor x = -1$

$f'''(x) = -\frac{24}{5}x$

$f''(1) = 0 \land f'''(1) \neq 0 \Rightarrow$ WP$(1|0)$

$f''(-1) = 0 \land f'''(-1) \neq 0 \Rightarrow$ WP$(-1|3,2)$

c)

x	-3,5	-3	-2	-1	0	1	2	3
f(x)≈	-9,1	0	5,4	3,2	0,6	0	-1	-9,6

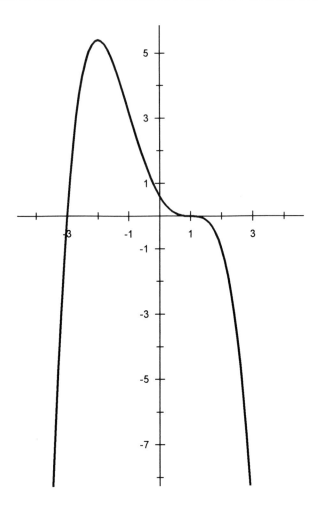

c)
Die zur Tangente im Punkt $W_1(1|0)$ gehörende Tangentenfunktion ist

$t_1: x \rightarrow f'(1)(x-1)+f(1)$ mit $f'(1) = 0$

$t_1: x \rightarrow 0$

Die zur Tangente im Punkt $W_2(-1|\frac{16}{5})$ gehörende Tangentenfunktion ist

$t_2: x \rightarrow f'(-1)(x+1)+f(-1)$ mit $f'(-1) = -\frac{16}{5}$

$t_2: x \rightarrow -\frac{16}{5}(x+1) + \frac{16}{5}$

$t_2: x \rightarrow -\frac{16}{5}x$

Der Flächeninhalt des Dreiecks mit den Eckpunkten $W_1(1|0)$, $W_2(-1|\frac{16}{5})$ und $P(0|0)$ beträgt

$$A = \frac{1}{2} \cdot 1 \cdot t_2(-1) = \frac{1}{2} \cdot 1 \cdot \frac{16}{5} = \frac{8}{5}$$

c) Die zu der Geraden durch die Punkte $W_1(1|0)$ und $W_2(-1|\frac{16}{5})$ gehörende lineare Funktion lautet

$$g: x \to mx+n \text{ mit } m = -\frac{3{,}2}{2} = -\frac{8}{5}$$

$$g: x \to -\frac{8}{5}x + n$$

$$(1|0) \in g \iff g(1) = 0 \iff -\frac{8}{5}+n = 0 \iff n = \frac{8}{5}$$

$$g: x \to -\frac{8}{5}x + \frac{8}{5}$$

$$A = \int_{-1}^{1} [-\frac{8}{5}x + \frac{8}{5} + \frac{1}{5}(x+3)(x-1)^3] dx$$

$$A = \frac{1}{5} \int_{-1}^{1} [-8x+8+(x+3)(x^3-3x^2+3x-1)] dx$$

$$= \frac{1}{5} \int_{-1}^{1} (x^4-6x^2+5) dx = \frac{2}{5} \int_{0}^{1} (x^4-6x^2+5) dx$$

$$= \frac{2}{5}(\frac{1}{5}x^5-2x^3+5x) \Big|_{0}^{1}$$

$$= \frac{2}{5}(\frac{1}{5} - 2 + 5) = \frac{2}{5} \cdot 3\frac{1}{5} = \frac{32}{25}$$

> ganzrationale Funktion
> Funktionsuntersuchung, Extremwertaufgabe, Flächenberechnung

Gegeben ist die Funktionsschar

$f_a: x \rightarrow ax^3-(a+2)x^2+2$, $a \in \mathbb{R}\setminus\{0,-2\}$.

a) Untersuche f_a auf Nullstellen, Extrema und Wendestellen!

b) Die Wendepunkte liegen auf dem Graphen einer Funktion g! Ermittle g!

c) Die Tangente im Punkt $P(0|2)$ begrenzt mit dem Graphen von f_a eine Fläche. Für welchen Wert a, $a>0$, wird die Flächenmaßzahl $A(a)$ minimal?

d) Zeichne den Graphen für $a = 1$!

e) Weise nach, daß der Graph von f_1 punktsymmetrisch zum Punkt $S(1|0)$ ist!

f) Berechne die Maßzahl der Fläche, die der Graph von f_1 mit den positiven Koordinatenachsen begrenzt!

Lösung:

a)

Nullstellen

$f_a(x) = 0 \Leftrightarrow ax^3-(a+2)x^2+2 = 0 \Leftrightarrow ax^3-ax^2-2x^2+2 = 0$

Eine Lösung der Gleichung ist $x = 1$.

$(ax^3-ax^2-2x^2+2):(x-1) = ax^2-2x-2$
$-(ax^3-ax^2)$
$\overline{}$
$\quad\quad -2x^2+2$
$\quad -(-2x^2+2x)$
$\quad\overline{}$
$\quad\quad\quad -2x+2$
$\quad\quad -(-2x+2)$
$\quad\quad\overline{}$

$f_a(x) = 0 \Leftrightarrow x = 1 \vee ax^2-2x-2 = 0$

$\Leftrightarrow x = 1 \vee x^2-\frac{2}{a}x+(\frac{1}{a})^2 = \frac{2}{a}+(\frac{1}{a})^2$

$\Leftrightarrow x = 1 \vee (x-\frac{1}{a})^2 = \frac{1+2a}{a^2}$

$\Leftrightarrow x = 1 \vee x-\frac{1}{a} = \frac{1}{a}\sqrt{1+2a} \vee x-\frac{1}{a} = -\frac{1}{a}\sqrt{1+2a}$

$\Leftrightarrow x = 1 \vee x = \frac{1}{a}(1+\sqrt{1+2a}) \vee x = \frac{1}{a}(1-\sqrt{1+2a})$ $(a \geq -\frac{1}{2})$

Extrema

$f_a'(x) = 3ax^2-2(a+2)x$

$f_a'(x) = 0 \iff 3ax^2-2(a+2)x = 0 \iff x[3ax-2(a+2)] = 0$

$\iff x = 0 \lor 3ax = 2(a+2) \iff x = 0 \lor x = \dfrac{2(a+2)}{3a}$

$f_a''(x) = 6ax-2(a+2)$

$f_a'(0) = 0 \land f_a''(0) = -2(a+2)\ \begin{cases}<0 \text{ für } a>-2 \Rightarrow \text{Max} \\ >0 \text{ für } a<-2 \Rightarrow \text{Min}\end{cases}$

$f_a'\left(\dfrac{2(a+2)}{3a}\right) = 0 \land f_a''\left(\dfrac{2(a+2)}{3a}\right) = 2(a+2)\ \begin{cases}>0 \text{ für } a>-2 \Rightarrow \text{Min} \\ <0 \text{ für } a<-2 \Rightarrow \text{Max}\end{cases}$

Wendestellen

$f_a''(x) = 0 \iff 6ax-2(a+2) = 0 \iff 3ax-(a+2) = 0 \iff x = \dfrac{a+2}{3a}$

$f_a'''(x) = 6a$

$f_a''\left(\dfrac{a+2}{3a}\right) = 0 \land f_a'''\left(\dfrac{a+2}{3a}\right) \neq 0 \Rightarrow$ Wendestelle bei $x = \dfrac{a+2}{3a}$

$f_a\left(\dfrac{a+2}{3a}\right) = \dfrac{-2(a+2)^3}{27a^2} + 2$

b)

$x = \dfrac{a+2}{3a} \iff 3ax = a+2 \iff 3ax-a = 2 \iff a(3x-1) = 2$

$\iff a = \dfrac{2}{3x-1}\ (1) \qquad y = \dfrac{-2(a+2)^3}{27a^2} + 2\ (2)$

(1) in (2) eingesetzt ergibt

$y = \dfrac{-2\left(\dfrac{2}{3x-1} + 2\right)^3}{27\left(\dfrac{2}{3x-1}\right)^2} + 2 \iff y = \dfrac{-2}{27} \cdot \dfrac{(6x)^3(3x-1)^2}{(3x-1)^3 \cdot 4} + 2$

$\iff y = \dfrac{-1}{54} \cdot \dfrac{216x^3}{3x-1} + 2 \iff y = \dfrac{-4x^3+6x-2}{3x-1}$

Die Wendepunkte liegen auf dem Graphen der Funktion

$g: x \to \dfrac{-4x^3+6x-2}{3x-1}$.

c) Die zur Tangente im Punkt $P(0|2)$ des Graphen von f_a gehörende Tangentenfunktion ist

$t: x \to f_a'(0)(x-0) + f_a(0)$ mit $f_a'(0) = 0$

$t: x \to 2$

$f_a(x) = t(x) \iff ax^3-(a+2)x^2+2 = 2 \iff x^2[ax-(a+2)] = 0$

$\Leftrightarrow x = 0 \lor x = \dfrac{a+2}{a} =: \alpha$

$A(a) = \displaystyle\int_0^\alpha [t(x) - f_a(x)] dx$

$A(a) = \displaystyle\int_0^\alpha [2 - ax^3 + (a+2)x^2 - 2] dx = \int_0^\alpha [-ax^3 + (a+2)x^2] dx$

$= -\dfrac{a}{4}x^4 + \dfrac{a+2}{3}x^3 \Big|_0^\alpha \quad \text{mit } \alpha := \dfrac{a+2}{a}$

$= -\dfrac{a}{4} \cdot \dfrac{(a+2)^4}{a^4} + \dfrac{1}{3} \cdot \dfrac{(a+2)^4}{a^3} = \dfrac{1}{12} \cdot \dfrac{(a+2)^4}{a^3}$

$A'(a) = \dfrac{1}{12} \cdot \dfrac{4(a+2)^3 a^3 - 3a^2(a+2)^4}{a^6}$

$= \dfrac{1}{12} \cdot \dfrac{4(a+2)^3 a - 3(a+2)^4}{a^4}$

$= \dfrac{1}{12} \cdot \dfrac{(a+2)^3[4a - 3(a+2)]}{a^4} = \dfrac{1}{12} \cdot \dfrac{(a+2)^3(a-6)}{a^4}$

$A'(a) = 0 \Leftrightarrow a - 6 = 0 \Leftrightarrow a = 6$

$0 < a < 6 \Rightarrow A'(a) < 0$
$a > 6 \Rightarrow A'(a) > 0$ $\Big\} \Rightarrow$ lokales Minimum

$A(6) = \dfrac{8^4}{12 \cdot 6^3} \approx 1{,}58$

Wegen $\lim\limits_{a \to \infty} A(a) = \infty$ und $\text{r-lim}\limits_{a \to 0} A(a) = \infty$ ist das gefundene lokale Minimum zugleich auch das absolute Minimum.

d) $a = 1$: $f_1(x) = x^3 - 3x^2 + 2$

x	-1,5	-1	$1-\sqrt{3}$	0	1	2	$1+\sqrt{3}$	3	3,5
$f_1(x) \approx$	-8,1	-2	0	2	0	-2	0	2	8,1

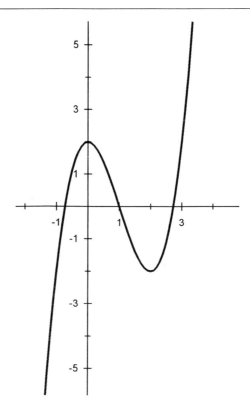

e)
Es ist zu zeigen, daß für alle x∈R gilt: $f_1(2-x)+f_1(x) = 0$.

$f_1(2-x) = (2-x)^3-3(2-x)^2+2 = 8-12x+6x^2-x^3-12+12x-3x^2+2$

$ = -x^3+3x^2-2$

$f_1(2-x)+f_1(x) = -x^3+3x^2-2 + x^3-3x^2+2 = 0$

f)
$$A = \int_0^1 (x^3-3x^2+2)\,dx$$

$$= \frac{1}{4}x^4-x^3+2x \Big|_0^1 = \frac{1}{4}-1+2 = 1\frac{1}{4}$$

ganzrationale Funktion
Funktionsuntersuchung, Extremwertaufgabe, Flächenberechnung

a) Bestimme die ganzrationale Funktion f 3.Grades, deren Graph im Punkt A(-7|-4) die Steigung m = 4,5 und im Punkt B(-5|0) ein Extremum besitzt!

b) Untersuche f auf Nullstellen, Extrema und Wendestellen! Zeichne den Graphen von f!

c) Die Punkte P(1|0), Q(u|0) und R(u|f(u)), -5<u<1, bilden ein Dreieck. Für welchen Wert u ist das Dreieck PQR gleichschenklig?

d) Für welchen Wert u wird die Flächenmaßzahl A(u) des Dreiecks PQR maximal?

e) Stelle die Gleichung der Wendetangente auf! Berechne die Maßzahl der Fläche, die von der y-Achse, der Wendetangente und dem Graphen von f begrenzt wird!

Lösung:

a)

$f(x) = ax^3 + bx^2 + cx + d$

$f'(x) = 3ax^2 + 2bx + c$

$f(-5) = 0 \iff -125a + 25b - 5c + d = 0$

$f'(-5) = 0 \iff 75a - 10b + c = 0$

$f(-7) = -4 \iff -343a + 49b - 7c + d = -4$

$f'(-7) = 4,5 \iff 147a - 14b + c = 4,5$

```
     -125a + 25b - 5c + d =  0   |·(-1)
  ∧  -343a + 49b - 7c + d = -4   |·  1
  ∧    75a - 10b +  c     =  0
  ∧   147a - 14b +  c     =  4,5

<=>  -125a + 25b - 5c + d =  0
  ∧  -218a + 24b - 2c     = -4   |:2
  ∧    75a - 10b +  c     =  0
  ∧   147a - 14b +  c     =  4,5

<=>  -125a + 25b - 5c + d =  0
  ∧  -109a + 12b -  c     = -2   |·1  |·1
  ∧    75a - 10b +  c     =  0        |·1
  ∧   147a - 14b +  c     =  4,5      |·1

<=>  -125a + 25b - 5c + d =  0
  ∧  -109a + 12b -  c     = -2
  ∧  - 34a +  2b          = -2   |·1
  ∧    38a -  2b          =  2,5 |·1
```

$$\Leftrightarrow -125a + 25b - 5c + d = 0$$
$$\wedge -109a + 12b - c = -2$$
$$\wedge -34a + 2b = -2$$
$$\wedge 4a = 0{,}5$$

$$\Leftrightarrow a = \frac{1}{8} \wedge b = \frac{9}{8} \wedge c = \frac{15}{8} \wedge d = -\frac{25}{8}$$

$$f(x) = \frac{1}{8}(x^3+9x^2+15x-25)$$

Es ist zu prüfen, ob die Funktion alle Bedingungen erfüllt. Aus $f'(-5) = 0$ kann ja nicht gefolgert werden, daß bei $x = -5$ ein Extremum liegt.

$$f'(x) = \frac{1}{8}(3x^2+18x+15) \quad ; \quad f''(x) = \frac{1}{8}(6x+18)$$

$$f'(-5) = 0 \wedge f''(-5) \neq 0 \Rightarrow \text{Extremum } (-5|0)$$

b)
Nullstellen

$$f(x) = 0 \Leftrightarrow x^3+9x^2+15x-25 = 0$$

Eine Lösung der Gleichung ist $x = -5$.

```
 (x³+9x²+15x-25):(x+5) = x²+4x-5
-(x³+5x²)
 ─────────
      4x²+15x
    -(4x²+20x)
     ─────────
          -5x-25
        -(-5x-25)
         ────────
```

$$f(x) = 0 \Leftrightarrow x = -5 \vee x^2+4x-5 = 0$$

$$\Leftrightarrow x = -5 \vee x^2+4x+4 = 5+4 \Leftrightarrow x = -5 \vee (x+2)^2 = 9$$

$$\Leftrightarrow x = -5 \vee x+2 = 3 \vee x+2 = -3$$

$$\Leftrightarrow x = -5 \vee x = 1 \vee x = -5 \Leftrightarrow x = -5 \vee x = 1$$

Extrema

$$f'(x) = \frac{1}{8}(3x^2+18x+15) = \frac{3}{8}(x^2+6x+5)$$

$$f'(x) = 0 \Leftrightarrow x^2+6x+5 = 0 \Leftrightarrow x^2+6x+9 = -5+9$$

$$\Leftrightarrow (x+3)^2 = 4 \Leftrightarrow x+3 = 2 \vee x+3 = -2$$

$$\Leftrightarrow x = -1 \vee x = -5$$

$$f''(x) = \frac{3}{8}(2x+6) = \frac{3}{4}(x+3)$$

$$f'(-1) = 0 \wedge f''(-1) > 0 \Rightarrow \text{Min}(-1|-4)$$

$$f'(-5) = 0 \wedge f''(-5) < 0 \Rightarrow \text{Max}(-5|0)$$

Wendestellen

$f''(x) = 0 \Leftrightarrow x+3 = 0 \Leftrightarrow x = -3$

$f'''(x) = \frac{3}{4}$

$f''(-3) = 0 \wedge f'''(-3) \neq 0 \Rightarrow WP(-3|-2)$

x	-7	-6	-5	-4	-3	-2	-1	0	1	2
f(x)≈	-4	-0,9	0	-0,6	-2	-3,4	-4	-3,1	0	6,1

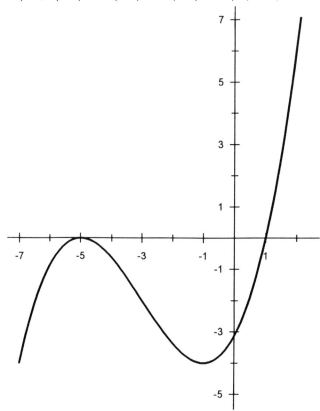

c)

$f(x) = \frac{1}{8}(x^3+9x^2+15x-25) = \frac{1}{8}(x-1)(x+5)^2$

Das Dreieck PQR ist gleichschenklig, wenn gilt: $\overline{PQ} = \overline{RQ}$.

$\overline{PQ} = 1-u$; $\overline{RQ} = |f(u)|$

$\overline{PQ} = \overline{RQ} \Leftrightarrow 1-u = -\frac{1}{8}(u-1)(u+5)^2 \Leftrightarrow 8(u-1) = (u-1)(u+5)^2$

$\Leftrightarrow (u+5)^2 = 8 \Leftrightarrow u+5 = \sqrt{8} \vee u+5 = -\sqrt{8}$

$\Leftrightarrow u = -5+2\sqrt{2} \vee u = -5-2\sqrt{2} \Leftrightarrow u = -5+2\sqrt{2}$

d)
Der Flächeninhalt des Dreiecks PQR beträgt

$$A(u) = \frac{1}{2}(1-u) \cdot |f(u)| = \frac{1}{2}(1-u) \cdot |\frac{1}{8}(u-1)(u+5)^2|$$

$$= \frac{1}{16}(1-u)^2(u+5)^2 = \frac{1}{16}(u-1)^2(u+5)^2 = \frac{1}{16}[(u-1)(u+5)]^2$$

$$A'(u) = \frac{1}{8}(u-1)(u+5)(u+5+u-1) = \frac{1}{8}(u-1)(u+5)(2u+4)$$

$$A'(u) = 0 \iff (u-1)(u+5)(2u+4) = 0 \iff 2u+4 = 0 \iff u = -2$$

$-5 < u < -2 \implies A'(u) > 0$
$-2 < u < 1 \implies A'(u) < 0$ $\Big\} \implies$ lokales Maximum

$$A(-2) = \frac{1}{16} \cdot 9 \cdot 9 = \frac{81}{16}$$

Wegen $\text{l-lim}_{u \to 1} A(u) = 0$ und $\text{r-lim}_{u \to -5} A(u) = 0$ ist das gefundene lokale Maximum zugleich auch das absolute Maximum.

e)
Die zur Wendetangente im Punkt W(-3|-2) gehörende Tangentenfunktion ist

$t: x \to f'(-3)(x+3)+f(-3)$ mit $f'(-3) = -\frac{3}{2}$

$$t(x) = -\frac{3}{2}(x+3)-2 \iff t(x) = -\frac{3}{2}x - \frac{13}{2}$$

$$A = \int_{-3}^{0} [f(x)-t(x)]dx$$

$$= \int_{-3}^{0} [\frac{1}{8}(x^3+9x^2+15x-25) + \frac{3}{2}x + \frac{13}{2}]dx$$

$$= \frac{1}{8}\int_{-3}^{0}(x^3+9x^2+27x+27)dx$$

$$= \frac{1}{8}(\frac{1}{4}x^4 + 3x^3 + \frac{27}{2}x^2 + 27x \Big|_{-3}^{0}$$

$$= -\frac{1}{8}(\frac{81}{4} - 81 + \frac{243}{2} - 81) = -\frac{1}{8} \cdot (-\frac{81}{4}) = \frac{81}{32}$$

| ganzrationale Funktion |
| Funktionsuntersuchung, Flächenberechnung |

a) Der Graph der ganzrationalen Funktion $f: x \to ax^4+bx^2+c$ geht durch den Punkt A(1|0) und besitzt an der Stelle x = 2 eine horizontale Tangente. Drücke b und c durch a aus!

b) Untersuche f auf Symmetrie, Nullstellen, Extrema und Wendestellen!

c) Der Graph von f und die Verbindungsstrecke der Minima begrenzen eine Fläche. Bestimme a>0 so, daß die Flächenmaßzahl
$A(a) = \dfrac{256}{15}$ beträgt!

d) Zeichne den Graphen für a = 0,5!

e) Die Tangenten in den Extrempunkten und Wendepunkten des Graphen aus d) bilden ein Trapez. Berechne den Flächeninhalt A und den Umfang U dieses Trapezes!

Lösung:
a)
$f(x) = ax^4+bx^2+c$; $f'(x) = 4ax^3+2bx$

$f(1) = 0 \iff a+b+c = 0$

$f'(2) = 0 \iff 32a+4b = 0 \iff 8a+b = 0$

$a+b+c = 0 \wedge 8a+b = 0 \iff b = -8a \wedge c = 7a$

$f(x) = ax^4-8ax^2+7a = a(x^4-8x^2+7)$

b)
Symmetrie

$f(-x) = a[(-x)^4-8(-x)^2+7] = a(x^4-8x^2+7) = f(x)$ für alle $x \in \mathbb{R}$,

d.h. der Graph von f ist achsensymmetrisch zur y-Achse.

Nullstellen

$f(x) = 0 \iff x^4-8x^2+7 = 0 \iff x^4-8x^2+16 = -7+16$

$\iff (x^2-4)^2 = 9 \iff x^2-4 = 3 \vee x^2-4 = -3$

$\iff x^2 = 7 \vee x^2 = 1$

$\iff x = \sqrt{7} \vee x = -\sqrt{7} \vee x = 1 \vee x = -1$

Extrema

$f'(x) = a(4x^3-16x) = 4ax(x^2-4)$

$f'(x) = 0 \iff x = 0 \vee x^2 = 4 \iff x = 0 \vee x = 2 \vee x = -2$

$f''(x) = 4a(3x^2-4)$

$$f'(0) = 0 \wedge f''(0) = -16a \quad \begin{array}{l} <0 \text{ für } a>0 \Rightarrow \text{Max} \\ >0 \text{ für } a<0 \Rightarrow \text{Min} \end{array}$$

$$f(0) = 7a$$

$$f'(2) = 0 \wedge f''(2) = 32a \quad \begin{array}{l} >0 \text{ für } a>0 \Rightarrow \text{Min} \\ <0 \text{ für } a<0 \Rightarrow \text{Max} \end{array}$$

$$f(2) = -9a$$

$$f'(-2) = 0 \wedge f''(-2) = 32a \quad \begin{array}{l} >0 \text{ für } a>0 \Rightarrow \text{Min} \\ <0 \text{ für } a<0 \Rightarrow \text{Max} \end{array}$$

$$f(-2) = -9a$$

Wendestellen

$$f''(x) = 0 \Leftrightarrow 3x^2 - 4 = 0 \Leftrightarrow x^2 = \frac{4}{3} \Leftrightarrow x = \frac{2}{\sqrt{3}} \vee x = -\frac{2}{\sqrt{3}}$$

$$f'''(x) = 24ax$$

$$f''(\tfrac{2}{\sqrt{3}}) = 0 \wedge f'''(\tfrac{2}{\sqrt{3}}) \neq 0 \Rightarrow WP(\tfrac{2}{\sqrt{3}} | -\tfrac{17}{9}a)$$

$$f''(\tfrac{-2}{\sqrt{3}}) = 0 \wedge f'''(\tfrac{-2}{\sqrt{3}}) \neq 0 \Rightarrow WP(\tfrac{-2}{\sqrt{3}} | -\tfrac{17}{9}a)$$

c)
Die zu der Geraden durch die Minima gehörende Funktion ist
g: x → -9a

$$A(a) = \int_{-2}^{2} [f(x)-g(x)]dx = 2\int_{0}^{2} [a(x^4-8x^2+7)+9a]dx$$

$$= 2a\int_{0}^{2}(x^4-8x^2+16)dx$$

$$= 2a(\tfrac{1}{5}x^5 - \tfrac{8}{3}x^3 + 16x)\Big|_{0}^{2}$$

$$= 2a(\tfrac{32}{5} - \tfrac{64}{3} + 32) = \tfrac{512}{15}a$$

$$A(a) = \tfrac{256}{15} \Leftrightarrow \tfrac{512}{15}a = \tfrac{256}{15} \Leftrightarrow a = \tfrac{1}{2}$$

d)
a = 0,5: f(x) = 0,5(x⁴-8x²+7)

x	0	±1	±2	±√7	±3
f(x)≈	3,5	0	-4,5	0	8

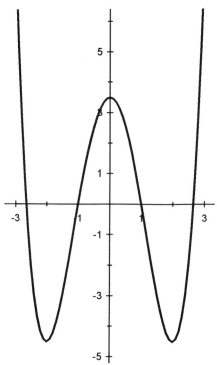

e) Tangentenfunktionen

zur Stelle $x = 0$: $t_1: x \to 3,5$

zur Stelle $x = 2$ bzw $x = -2$: $t_2: x \to -4,5$

zur Stelle $x = \frac{2}{\sqrt{3}}$: $t_3: x \to f'(\frac{2}{\sqrt{3}})(x - \frac{2}{\sqrt{3}}) + f(\frac{2}{\sqrt{3}})$

$$t_3: x \to \frac{-32}{3\sqrt{3}}(x - \frac{2}{\sqrt{3}}) - \frac{17}{18}$$

$$t_3: x \to \frac{-32}{3\sqrt{3}}x + \frac{111}{18}$$

zur Stelle $x = \frac{-2}{\sqrt{3}}$: $t_4: x \to f'(\frac{-2}{\sqrt{3}})(x + \frac{2}{\sqrt{3}}) + f(\frac{-2}{\sqrt{3}})$

$$t_4: x \to \frac{32}{3\sqrt{3}}x + \frac{111}{18}$$

(1): $t_1(x) = t_3(x) \Leftrightarrow \frac{7}{2} = \frac{-32}{3\sqrt{3}}x + \frac{111}{18} \Leftrightarrow \frac{32}{3\sqrt{3}}x = \frac{111}{18} - \frac{7}{2}$

$\Leftrightarrow \frac{32}{3\sqrt{3}}x = \frac{8}{3} \Leftrightarrow x = \frac{1}{4}\sqrt{3}$

Damit ergeben sich als Eckpunkte des Trapezes die Punkte $P_1(\frac{1}{4}\sqrt{3} | \frac{7}{2})$ und $P_2(-\frac{1}{4}\sqrt{3} | \frac{7}{2})$.

(2): $t_2(x) = t_3(x) \iff -\frac{9}{2} = \frac{-32}{3\sqrt{3}}x + \frac{111}{18} \iff \frac{32}{3\sqrt{3}}x = \frac{111}{18} + \frac{9}{2}$

$\iff \frac{32}{3\sqrt{3}}x = \frac{32}{3} \iff x = \sqrt{3}$

Die restlichen Eckpunkte des Trapezes sind
$P_3(-\sqrt{3} | -\frac{9}{2})$ und $P_4(\sqrt{3} | -\frac{9}{2})$.

Der Flächeninhalt A des Trapezes beträgt

$A = \frac{1}{2}[(x_1-x_2)+(x_4-x_3)] \cdot (y_1-y_4)$

$A = \frac{1}{2} \cdot (\frac{1}{2}\sqrt{3} + 2\sqrt{3})(\frac{7}{2}+\frac{9}{2}) = 10\sqrt{3}$

Der Umfang U des Trapezes beträgt

$U = \overline{P_1P_2} + \overline{P_3P_4} + 2 \cdot \overline{P_1P_4}$

$\overline{P_1P_4} = \sqrt{(x_1-x_4)^2+(y_1-y_4)^2} = \sqrt{(0,25\sqrt{3} - \sqrt{3})^2 + (3,5+4,5)^2}$

$= \sqrt{1,6875+64} = \sqrt{65,6875}$

$U = \frac{1}{2}\sqrt{3} + 2\sqrt{3} + \sqrt{65,6875} = 2,5\sqrt{3} + \sqrt{65,6875} \approx 12,43$

> ganzrationale Funktion
> Funktionsuntersuchung, Flächenberechnung,
> Extremwertaufgabe, Ortslinie

Gegeben ist die Funktionsschar $f_a: x \to x^2-ax+a-1$, $a \in \mathbb{R}$.

a) Zeige, daß alle Graphen von f_a einen Punkt S gemeinsam haben!

b) Untersuche f_a auf Nullstellen und Extrema! Zeichne den Graphen für $a = 1$!

c) Berechne die Maßzahl der Fläche, die von den Graphen der Funktionen f_1 und $g: x \to x+3$ begrenzt wird!

d) Die Tangente im Punkt $P(u|f_1(u))$, $u>0,5$, des Graphen von f_1 bildet mit der Geraden $g: x \to -1$ und dem Lot von P auf die Gerade g ein Dreieck. Für welchen Wert u nimmt die Flächenmaßzahl A(u) des Dreiecks ein Minimum an?

e) Bestimme die Ortslinie aller Punkte, von denen aus es je zwei zueinander orthogonale Tangenten an den Graphen von f_1 gibt!

Lösung:
a)
$f_a(x) = f_b(x) \iff x^2-ax+a-1 = x^2-bx+b-1 \iff bx-ax = b-a$

$\iff (b-a)x = b-a \iff x = 1$ gemeinsamer Punkt $S(1|0)$

b)
Nullstellen

$f_a(x) = 0 \iff x^2-ax+a-1 = 0 \iff x^2-ax+(\frac{a}{2})^2 = 1-a+(\frac{a}{2})^2$

$\iff (x-\frac{a}{2})^2 = \frac{a^2-4a+4}{4} \iff (x-\frac{a}{2})^2 = \frac{(a-2)^2}{4}$

$\iff x = \frac{a}{2} + \frac{a-2}{2} \lor x = \frac{a}{2} - \frac{a-2}{2} \iff x = a-1 \lor x = 1$

Extrema

$f_a'(x) = 2x-a$

$f_a'(x) = 0 \iff x = \frac{a}{2}$

$f_a''(x) = 2$

$f_a'(\frac{a}{2}) = 0 \land f_a''(\frac{a}{2})>0 \Rightarrow \text{Min}(\frac{a}{2}|-\frac{1}{4}(a-2)^2)$

$a = 1$: $f_1: x \to x^2-x$

x	-2	-1	0	0,5	1	2	3
$f_1(x) \approx$	6	2	0	-0,25	0	2	6

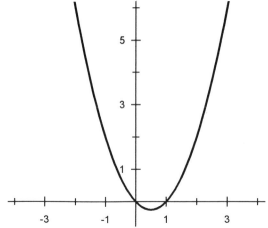

d)
$$f(x) = g(x) \Leftrightarrow x^2-x = x+3 \Leftrightarrow x^2-2x = 3 \Leftrightarrow x^2-2x+1 = 3+1$$
$$\Leftrightarrow (x-1)^2 = 4 \Leftrightarrow x-1 = 2 \vee x-1 = -2 \Leftrightarrow x = 3 \vee x = -1$$

$$A = \int_{-1}^{3}[g(x)-f(x)]dx = \int_{-1}^{3}(x+3-x^2+x)dx = \int_{-1}^{3}(-x^2+2x+3)dx$$

$$= -\frac{1}{3}x^3+x^2+3x \Big|_{-1}^{3} = -9+9+9 - (\frac{1}{3}+1-3) = 10\frac{2}{3}$$

d)
Für den Flächeninhalt des Dreiecks mit den Eckpunkten
$P(u|f_1(u))$, $Q(x_Q|-1)$ und $R(u|-1)$ ergibt sich

$$A = \frac{1}{2}[f_1(u)+1](u-x_Q)$$

Die zur Tangente im Punkt $P(u|f_1(u))$ des Graphen von f_1
gehörende Tangentenfunktion ist

$t: x \rightarrow f_1'(u)(x-u)+f_1(u)$ mit $f_1'(u) = 2u-1$

$t: x \rightarrow (2u-1)(x-u)+u^2-u$

$\quad\; x \rightarrow (2u-1)x-u^2$

$(x_Q|-1) \in t \Leftrightarrow t(x_Q) = -1 \Leftrightarrow (2u-1)x_Q-u^2 = -1 \Leftrightarrow x_Q = \dfrac{u^2-1}{2u-1}$

$$A(u) = \frac{1}{2}(u^2-u+1)(u - \frac{u^2-1}{2u-1}) = \frac{1}{2}(u^2-u+1)\frac{u^2-u+1}{2u-1}$$

$$= \frac{1}{2}\frac{(u^2-u+1)^2}{2u-1} \quad , \; u > 0{,}5$$

$$A'(u) = \frac{1}{2}\frac{2(u^2-u+1)(2u-1)^2-2(u^2-u+1)^2}{(2u-1)^2}$$

$$= \frac{1}{2}\frac{2(u^2-u+1)[(2u-1)^2-(u^2-u+1)]}{(2u-1)^2}$$

$$A'(u) = \frac{1}{2} \frac{2(u^2-u+1)(4u^2-4u+1-u^2+u-1)}{(2u-1)^2}$$

$$= \frac{1}{2} \frac{2(u^2-u+1)(3u^2-3u)}{(2u-1)^2} = 3 \frac{(u^2-u+1)u(u-1)}{(2u-1)^2}$$

$A'(u) = 0 \iff (u^2-u+1)u(u-1) = 0 \iff u = 1$

$$\left.\begin{array}{l} 0{,}5 < u < 1 \Rightarrow A'(u) < 0 \\ u > 1 \Rightarrow A'(u) > 0 \end{array}\right\} \Rightarrow \text{lokales Minimum}$$

$A(1) = \dfrac{1}{2}$

Wegen $\lim\limits_{u \to \infty} A(u) = \infty$ und $\text{r-}\lim\limits_{u \to 0,5} A(u) = \infty$ ist das gefundene lokale Minimum zugleich auch das absolute Minimum.

e) Ein solcher Punkt der Ortslinie sei $P(x_0|y_0)$.

Die zur Tangente im Punkt $B(b|f_1(b))$ des Graphen von f_1 gehörende Tangentenfunktion ist

$t: x \to f_1'(b)(x-b) + f_1(b)$ mit $f_1'(b) = 2b-1$

$t: x \to (2b-1)(x-b) + b^2-b$

$(x_0|y_0) \in t \iff t(x_0) = y_0 \iff y_0 = (2b-1)(x_0-b) + b^2-b$

$\iff y_0 = 2x_0 b - 2b^2 - x_0 + b + b^2 - b \iff b^2 - 2x_0 b = -x_0 - y_0$

$\iff b^2 - 2x_0 b + x_0^2 = x_0^2 - x_0 - y_0 \iff (b-x_0)^2 = x_0^2 - x_0 - y_0$

$\iff b = x_0 + \sqrt{x_0^2 - x_0 - y_0} \ \vee \ b = x_0 - \sqrt{x_0^2 - x_0 - y_0}$

Die Tangenten stehen aufeinander senkrecht, wenn gilt:
$f_1'(b_1) \cdot f_1'(b_2) = -1$.

$b_1 = x_0 + \sqrt{x_0^2 - x_0 - y_0} \ ; \ b_2 = x_0 - \sqrt{x_0^2 - x_0 - y_0}$

$f_1'(b_1) \cdot f_1'(b_2) = -1 \iff (2b_1-1)(2b_2-1) = -1$

$\iff [2(x_0 + \sqrt{x_0^2-x_0-y_0}) - 1][2(x_0 - \sqrt{x_0^2-x_0-y_0}) - 1] = -1$

$\iff [(2x_0-1) + 2\sqrt{x_0^2-x_0-y_0}][(2x_0-1) - 2\sqrt{x_0^2-x_0-y_0}] = -1$

$\iff (2x_0-1)^2 - 4(x_0^2 - x_0 - y_0) = -1$

$\iff 4x_0^2 - 4x_0 + 1 - 4x_0^2 + 4x_0 + 4y_0 = -1 \iff y_0 = -\dfrac{1}{2}$

Die gesuchte Ortslinie ist der Graph der Funktion

$h: x \to -\dfrac{1}{2}$, also eine Parallele zur x-Achse.

> gebrochen rationale Funktion
> Funktionsuntersuchung, Flächenberechnung

Gegeben ist die Funktion $f: x \to \dfrac{(x-1)^2}{x^2+1}$.

a) Bestimme die Definitionsmenge D(f) und die Asymptotenfunktion!

b) Untersuche f auf Nullstellen, Extrema und Wendestellen!

c) Weise nach, daß der Graph von f punktsymmetrisch zum Punkt Punkt P(0|1) ist!

d) Zeichne den Graphen von f!

e) Berechne die Maßzahl der Fläche, die von den Graphen der Funktionen f und $g: x \to -x+1$ begrenzt wird!

Lösung:

a) $D(f) = \mathbb{R}$ $\lim\limits_{x \to \pm\infty} f(x) = 1$ Asymptotenfunktion $f_A: x \to 1$

b)

Nullstellen

$f(x) = 0 \iff (x-1)^2 = 0 \iff x = 1$

Extrema

$$f'(x) = \frac{2(x-1)(x^2+1) - 2x(x-1)^2}{(x^2+1)^2} = \frac{2(x-1)[x^2+1 - x(x-1)]}{(x^2+1)^2}$$

$$= \frac{2(x-1)(x+1)}{(x^2+1)^2} = 2\frac{x^2-1}{(x^2+1)^2}$$

$f'(x) = 0 \iff (x-1)(x+1) = 0 \iff x = 1 \lor x = -1$

$$f''(x) = 2\frac{2x(x^2+1)^2 - 2(x^2+1)2x(x^2-1)}{(x^2+1)^4}$$

$$= 2\frac{2x(x^2+1) - 4x(x^2-1)}{(x^2+1)^3} = 4\frac{x[x^2+1-2(x^2-1)]}{(x^2+1)^3}$$

$$= 4\frac{x(3-x^2)}{(x^2+1)^3}$$

$f'(1) = 0 \land f''(1) > 0 \Rightarrow \text{Min}(1|0)$

$f'(-1) = 0 \land f''(-1) < 0 \Rightarrow \text{Max}(-1|2)$

Wendestellen

$f''(x) = 0 \iff x(3-x^2) = 0 \iff x = 0 \lor x^2 = 3$

$\Leftrightarrow x = 0 \lor x = \sqrt{3} \lor x = -\sqrt{3}$

$$f'''(x) = 4\frac{(3-3x^2)(x^2+1)^3 - 3(x^2+1)^2 2x(3x-x^3)}{(x^2+1)^6}$$

$$= 4\frac{(3-3x^2)(x^2+1) - 6x(3x-x^3)}{(x^2+1)^4}$$

$$= 4\frac{3x^2+3-3x^4-3x^2-18x^2+6x^4}{(x^2+1)^4}$$

$$= 12\frac{x^4-6x^2+1}{(x^2+1)^4}$$

$f''(0) = 0 \land f'''(0) = 12 \neq 0 \Rightarrow$ WP(0|0)

$f''(\sqrt{3}) = 0 \land f'''(\sqrt{3}) = -\frac{3}{8} \neq 0 \Rightarrow$ WP($\sqrt{3}$|1-0,5$\sqrt{3}$)

$f''(-\sqrt{3}) = 0 \land f'''(-\sqrt{3}) = -\frac{3}{8} \neq 0 \Rightarrow$ WP($-\sqrt{3}$|1+0,5$\sqrt{3}$)

c) Es ist zu zeigen, daß für alle $x \in \mathbb{R}$ gilt: $f(-x)+f(x) = 2$.

$$f(-x) + f(x) = \frac{(-x-1)^2}{(-x)^2+1} + \frac{(x-1)^2}{x^2+1} = \frac{x^2+2x+1+x^2-2x+1}{x^2+1}$$

$$= \frac{2x^2+2}{x^2+1} = \frac{2(x^2+1)}{x^2+1} = 2$$

d)

x	-5	-4	-3	-2	-1	0	1	2	3	4	5
$f(x) \approx$	1,4	1,5	1,6	1,8	2	1	0	0,2	0,4	0,5	0,6

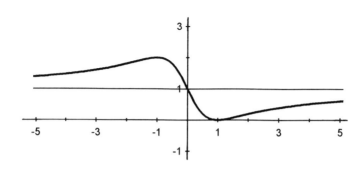

e)

$$f(x) = g(x) \iff \frac{(x-1)^2}{x^2+1} = -x+1 \iff (x-1)^2 = (x^2+1)(-x+1)$$

$$\iff x^2-2x+1 = -x^3+x^2-x+1 \iff x^3-x = 0 \iff x(x^2-1) = 0$$

$$\iff x = 0 \lor x^2 = 1 \iff x = 0 \lor x = 1 \lor x = -1$$

$$A = 2\int_0^1 \left[-x+1 - \frac{(x-1)^2}{x^2+1}\right]dx$$

$$(x-1)^2 : (x^2+1) = (x^2-2x+1) : (x^2+1) = 1 - \frac{2x}{x^2+1}$$

$$A = 2\int_0^1 \left[-x+1 - \left(1 - \frac{2x}{x^2+1}\right)\right]dx = 2\int_0^1 \left(-x + \frac{2x}{x^2+1}\right)dx$$

$$= -x^2 \Big|_0^1 + 2\int_0^1 \frac{2x}{x^2+1}\,dx$$

Substitution

$$t = g(x) = x^2+1 \;;\; g'(x) = 2x \;;\; dt = 2x\,dx \;;$$

$$g(0) = 1 \;;\; g(1) = 2$$

$$A = -1 + 2\int_1^2 \frac{1}{t}dt = -1 + 2\ln t \Big|_1^2 = -1 + 2\ln 2 \approx 0{,}39$$

gebrochen rationale Funktion
Funktionsuntersuchung, Flächenberechnung

Gegeben ist die Funktion $f: x \to \dfrac{(x+4)^2}{x^2-4}$.

a) Bestimme die Definitionsmenge D(f), die Art der Definitionslücken und die Asymptotenfunktion!

b) Untersuche f auf Nullstellen und Extrema!

c) Zeichne den Graphen von f!

d) Berechne die Maßzahl der Fläche, die von den Graphen der Funktionen f und $g: x \to -4$ begrenzt wird!

Lösung:

a)
$D(f) = \mathbb{R} \setminus \{2, -2\}$

$N(2) = 0 \wedge Z(2) = 36 \neq 0 \Rightarrow$ Pol mit Vorzeichenwechsel

$\text{r-lim}_{x \to 2} f(x) = \infty$; $\text{l-lim}_{x \to 2} f(x) = -\infty$

$N(-2) = 0 \wedge Z(-2) = 4 \neq 0 \Rightarrow$ Pol mit Vorzeichenwechsel

$\text{r-lim}_{x \to -2} f(x) = -\infty$; $\text{l-lim}_{x \to -2} f(x) = \infty$

$\lim_{x \to \pm\infty} f(x) = 1$ Asymptotenfunktion $f_A : x \to 1$

b)
Nullstellen

$f(x) = 0 \iff (x+4)^2 = 0 \iff x = -4$

Extrema

$f'(x) = \dfrac{2(x+4)(x^2-4) - 2x(x+4)^2}{(x^2-4)^2} = \dfrac{2(x+4)[x^2-4-x(x+4)]}{(x^2-4)^2}$

$= \dfrac{2(x+4)(-4x-4)}{(x^2-4)^2} = -8 \dfrac{(x+4)(x+1)}{(x^2-4)^2}$

$f'(x) = 0 \iff (x+4)(x+1) = 0 \iff x = -4 \vee x = -1$

$\left.\begin{array}{l} x < -4 \Rightarrow f'(x) < 0 \\ -4 < x < -2 \Rightarrow f'(x) > 0 \end{array}\right\} \Rightarrow \text{Min}(-4|0)$

$\left.\begin{array}{l} -2 < x < -1 \Rightarrow f'(x) > 0 \\ -1 < x < 2 \Rightarrow f'(x) < 0 \end{array}\right\} \Rightarrow \text{Max}(-1|-3)$

c)

x	-6	-4	-3	-2,5	-1,5	-1	0	1	3	4	5	6	8
f(x)≈	0,1	0	0,2	-1,3	-3,6	-3	-4	-8,3	9,8	5,3	3,9	3,1	2,4

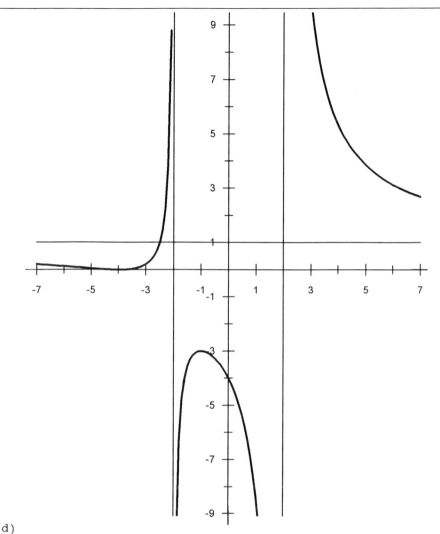

d)

$f(x) = g(x) \iff \dfrac{(x+4)^2}{x^2-4} = -4 \iff x^2+8x+16 = -4x^2+16$

$\iff 5x^2+8x = 0 \iff x(5x+8) = 0 \iff x = 0 \lor x = -\dfrac{8}{5}$

$A = \displaystyle\int_{-1,6}^{0} [f(x)-g(x)]\,dx = \int_{-1,6}^{0} \left(\dfrac{x^2+8x+16}{x^2-4} + 4\right)dx$

$= \displaystyle\int_{-1,6}^{0} \dfrac{5x^2+8x}{(x-2)(x+2)}\,dx$

Teilbruchzerlegung

$$\frac{5x^2+8x}{(x-2)(x+2)} = 5 + \frac{B}{x-2} + \frac{C}{x+2}$$

$\Leftrightarrow 5x^2+8x = 5(x^2-4)+B(x+2)+C(x-2)$

$\Leftrightarrow 5x^2+8x = 5x^2-20+Bx+2B+Cx-2C$

$\Leftrightarrow 8x+20 = (B+C)x + 2B-2C$

Koeffizientenvergleich ergibt das lineare Gleichungssystem

$B + C = 8 \,|\, \cdot 2$
$\wedge\ 2B - 2C = 20 \,|\, \cdot 1$

$\Leftrightarrow 4B = 36 \,\wedge\, C = 8-B \Leftrightarrow B = 9 \,\wedge\, C = -1$

$$A = \int_{-1,6}^{0} (5 + \frac{9}{x-2} - \frac{1}{x+2})dx = 5x + 9\ln|x-2| - \ln|x+2| \,\Big|_{-1,6}^{0}$$

$= 9\ln 2 - \ln 2 - (-8 + 9\ln 3,6 - \ln 0,4)$

$= 8 - 9\ln 1,8 + \ln 0,2 \approx 1,10$

> gebrochen rationale Funktion
> Funktionsuntersuchung, Flächenberechnung

Gegeben ist die Funktion $f: x \to \dfrac{1}{8} \dfrac{(x^2+4x)^2}{x^2-1}$.

a) Bestimme die Definitionsmenge D(f), die Art der Definitions-
   lücken und die Asymptotenfunktion!

b) Untersuche f auf Nullstellen und Extrema (ohne Verwendung
   der 2.Ableitung)!

c) Zeichne den Graphen von f!

d) Berechne die Maßzahl der Fläche, die der Graph von f, die
   Asymptote und die Gerade mit der Gleichung x = -4 begrenzen!

<u>Lösung:</u>
a) $D(f) = \mathbb{R} \setminus \{1, -1\}$

   $N(1) = 0 \wedge Z(1) = 25 \neq 0 \Rightarrow$ Pol mit Vorzeichenwechsel

   $\text{r-lim}_{x \to 1} f(x) = \infty$; $\text{l-lim}_{x \to 1} f(x) = -\infty$

   $N(-1) = 0 \wedge Z(-1) = 9 \neq 0 \Rightarrow$ Pol mit Vorzeichenwechsel

   $\text{r-lim}_{x \to -1} f(x) = -\infty$; $\text{l-lim}_{x \to -1} f(x) = \infty$

   $(x^2+4x)^2 : (x^2-1)$

   $= (x^4+8x^3+16x^2) : (x^2-1) = x^2+8x+17 + \dfrac{8x+17}{x^2-1}$
   $\underline{-(x^4 - x^2)}$

   $\ 8x^3+17x^2$
   $\underline{-(8x^3-8x)}$

   $\ \ \ 17x^2+8x$
   $\underline{-(17x^2-17)}$

   $\ \ \ \ \ \ \ 8x+17$

   $f(x) = \dfrac{1}{8}\left[(x^2+8x+17) + \dfrac{8x+17}{x^2-1}\right]$

   Der Term der Asymptotenfunktion lautet

   $f_A(x) = \dfrac{1}{8}(x^2+8x+17) = \dfrac{1}{8}[(x+4)^2+1] = \dfrac{1}{8}(x+4)^2 + \dfrac{1}{8}$

   Die Asymptote ist eine nach oben geöffnete Parabel mit dem
   Scheitelpunkt $S(-4 | \dfrac{1}{8})$.

b)
   Nullstellen

   $f(x) = 0 \iff (x^2+4x)^2 = 0 \iff x(x+4) = 0 \iff x = 0 \vee x = -4$

Extrema

$$f'(x) = \frac{1}{8} \cdot \frac{2(x^2+4x)(2x+4)(x^2-1) - 2x(x^2+4x)^2}{(x^2-1)^2}$$

$$= \frac{1}{8} \cdot \frac{2(x^2+4x)[(2x+4)(x^2-1) - x(x^2+4x)]}{(x^2-1)^2}$$

$$= \frac{1}{8} \cdot \frac{2(x^2+4x)(2x^3-2x+4x^2-4-x^3-4x^2)}{(x^2-1)^2}$$

$$= \frac{1}{4} \cdot \frac{(x^2+4x)(x^3-2x-4)}{(x^2-1)^2}$$

$f'(x) = 0 \iff (x^2+4x)(x^3-2x-4) = 0 \iff x(x+4)(x^3-2x-4) = 0$

$\iff x = 0 \lor x = -4 \lor x^3-2x-4 = 0$

Eine Lösung der Gleichung $x^3-2x-4 = 0$ ist $x = 2$.

```
 (x³-2x-4):(x-2) = x²+2x+2
-(x³-2x²)
─────────
      2x²-2x
    -(2x²-4x)
    ─────────
          2x-4
        -(2x-4)
        ───────
```

$f'(x) = 0 \iff x = 0 \lor x = -4 \lor x = 2 \lor x^2+2x+2 = 0$

$\iff x = 0 \lor x = -4 \lor x = 2 \lor (x+1)^2 = -1$

$\iff x = 0 \lor x = -4 \lor x = 2$

$$f'(x) = \frac{1}{4} \cdot \frac{x(x+4)(x-2)[(x+1)^2+1]}{(x^2-1)^2}$$

$x < -4 \implies f'(x) < 0$
$-4 < x < -1 \implies f'(x) > 0$ $\Big\} \implies \text{Min}(-4|0)$

$-1 < x < 0 \implies f'(x) > 0$
$0 < x < 1 \implies f'(x) < 0$ $\Big\} \implies \text{Max}(0|0)$

$1 < x < 2 \implies f'(x) < 0$
$x > 2 \implies f'(x) > 0$ $\Big\} \implies \text{Min}(2|6)$

c)

x	-8	-6	-4	-2	-1,5	-1,25	-0,75	-0,5	0	0,5	0,75
f(x)≈	2,03	0,51	0	0,7	1,4	2,6	-1,7	-0,5	0	-0,8	-3,6

x	1,25	1,5	2	3	4	5	6
f(x)≈	9,6	6,8	6	6,9	8,5	10,5	12,9

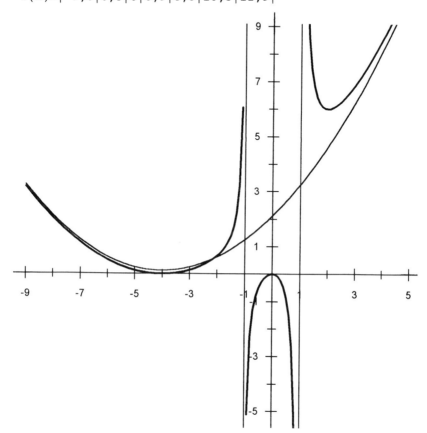

d)

$$f(x) = f_A(x) \iff \frac{8x+17}{x^2-1} = 0 \iff 8x+17 = 0 \iff x = -\frac{17}{8}$$

$$A = \int_{-4}^{-17/8} [f_A(x)-f(x)]dx = -\frac{1}{8}\int_{-4}^{-17/8} \frac{8x+17}{x^2-1}dx$$

Teilbruchzerlegung

$$\frac{8x+17}{(x-1)(x+1)} = \frac{B}{x-1} + \frac{C}{x+1}$$

$\Leftrightarrow$ 8x+17 = B(x+1)+C(x-1)

$\Leftrightarrow$ 8x+17 = Bx+B+Cx-C

$\Leftrightarrow$ 8x+17 = (B+C)x + B-C

Koeffizientenvergleich ergibt das lineare Gleichungssystem

B+C = 8 $\wedge$ B-C = 17 $\Leftrightarrow$ B = 8-C $\wedge$ 8-2C = 17

$\Leftrightarrow$ C = $-\frac{9}{2}$ $\wedge$ B = $\frac{25}{2}$

$$A = -\frac{1}{8}\int_{-4}^{-17/8}\left(\frac{25}{2}\frac{1}{x-1} - \frac{9}{2}\frac{1}{x+1}\right)dx$$

$$= -\frac{1}{8}\left(\frac{25}{2}\ln|x-1| - \frac{9}{2}\ln|x+1|\right)\Big|_{-4}^{-17/8}$$

$$= -\frac{1}{8}\left[\frac{25}{2}\ln\frac{25}{8} - \frac{9}{2}\ln\frac{9}{8} - \left(\frac{25}{2}\ln 5 - \frac{9}{2}\ln 3\right)\right]$$

$$= -\frac{1}{8}\left(\frac{25}{2}\ln\frac{25}{8} - \frac{9}{2}\ln\frac{9}{8} - \frac{25}{2}\ln 5 + \frac{9}{2}\ln 3\right)$$

$$= -\frac{1}{8}\left(\frac{25}{2}\ln\frac{5}{8} + \frac{9}{2}\ln\frac{8}{3}\right) = -\frac{1}{16}\left(25\ln\frac{5}{8} + 9\ln\frac{8}{3}\right) \approx 0{,}183$$

gebrochen rationale Funktion
Funktionsuntersuchung, Flächenberechnung

Gegeben ist die Funktion $f: x \rightarrow 1 + \dfrac{1}{x-1} - \dfrac{4}{x}$.

a) Bestimme die Definitionsmenge D(f), die Art der Definitionslücken und die Asymptotenfunktion!

b) Untersuche f auf Nullstellen, Extrema und Wendestellen!

c) Zeichne den Graphen von f!

d) Berechne die Maßzahl der Fläche, die von den positiven Koordinatenachsen, der Asymptote und dem Graphen von f begrenzt wird!

Lösung:
a)
$D(f) = \mathbb{R} \setminus \{0, 1\}$

f besitzt an den Stellen $x = 0$ und $x = 1$ Pole mit Vorzeichenwechsel.

$\text{r-lim}_{x \to 1} f(x) = \infty \quad ; \quad \text{l-lim}_{x \to 1} f(x) = -\infty$

$\text{r-lim}_{x \to 0} f(x) = -\infty \quad ; \quad \text{l-lim}_{x \to 0} f(x) = \infty$

$\lim_{x \to \pm\infty} f(x) = 1 \quad$ Asymptotenfunktion $f_A : x \rightarrow 1$

b)
Nullstellen

$f(x) = 0 \iff 1 + \dfrac{1}{x-1} - \dfrac{4}{x} = 0 \iff x(x-1) + x - 4(x-1) = 0$

$\iff x^2 - x + x - 4x + 4 = 0 \iff x^2 - 4x + 4 = 0 \iff (x-2)^2 = 0 \iff x = 2$

Extrema

$f'(x) = \dfrac{-1}{(x-1)^2} + \dfrac{4}{x^2}$

$f'(x) = 0 \iff \dfrac{-1}{(x-1)^2} + \dfrac{4}{x^2} = 0 \iff -x^2 + 4(x-1)^2 = 0$

$\iff x^2 = 4(x-1)^2 \iff x = 2(x-1) \lor x = -2(x-1)$

$\iff x = 2x - 2 \lor x = -2x + 2 \iff x = 2 \lor x = \dfrac{2}{3}$

$f''(x) = \dfrac{2}{(x-1)^3} - \dfrac{8}{x^3}$

$f'(2) = 0 \land f''(2) = 1 > 0 \Rightarrow \text{Min}(2 | 0)$

$f'(\frac{2}{3}) = 0 \wedge f''(\frac{2}{3}) = -81<0 \Rightarrow \text{Max}(\frac{2}{3}|-8)$

Wendestellen

$f''(x) = 0 \Leftrightarrow \dfrac{2}{(x-1)^3} - \dfrac{8}{x^3} = 0 \Leftrightarrow 2x^3 - 8(x-1)^3 = 0$

$\Leftrightarrow x^3 = 4(x-1)^3 \Leftrightarrow x = \sqrt[3]{4} \cdot (x-1)$

$\Leftrightarrow x = \dfrac{\sqrt[3]{4}}{\sqrt[3]{4} - 1} =: x_W$

$1 < x < x_W \Rightarrow f''(x) > 0$
$x > x_W \Rightarrow f''(x) < 0$
$\Rightarrow \text{WP}(\approx 2{,}7 | \approx 0{,}1)$

c)

x	-8	-6	-4	-2	-1	-0,5	0,5	0,75	1,25	1,5	2	3	4
f(x)≈	1,4	1,5	1,8	2,7	4,5	8,3	-9	-8,3	1,8	0,3	0	0,2	0,3

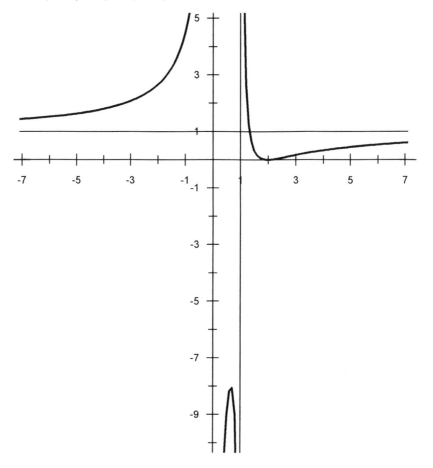

d)

$$f(x) = f_A(x) \iff \frac{1}{x-1} - \frac{4}{x} = 0 \iff x - 4(x-1) = 0$$

$$\iff x - 4x + 4 = 0 \iff 3x = 4 \iff x = \frac{4}{3}$$

$$A = 1 \cdot \frac{4}{3} + \int_{4/3}^{2} (1 + \frac{1}{x-1} - \frac{4}{x}) dx$$

$$= \frac{4}{3} + (x + \ln(x-1) - 4\ln x) \Big|_{4/3}^{2}$$

$$= \frac{4}{3} + 2 + \ln 1 - 4\ln 2 - (\frac{4}{3} + \ln\frac{1}{3} - 4\ln\frac{4}{3})$$

$$= 2 - 4\ln 2 + \ln 3 + 4\ln 4 - 4\ln 3$$

$$= 2 + 4\ln 2 - 3\ln 3$$

> gebrochen rationale Funktion
> Funktionsuntersuchung, Flächenberechnung

Gegeben ist die Funktion $f: x \to \dfrac{x^3+2x^2}{(x+1)^2}$.

a) Bestimme die Definitionsmenge D(f), die Art der Definitionslücke und die Asymptotenfunktion!

b) Untersuche f auf Nullstellen, Extrema und Wendestellen!

c) Zeichne den Graphen von f!

d) Die Tangente im Punkt P(1|0,75) begrenzt mit dem Graphen von f und der y-Achse eine Fläche. Berechne ihre Flächenmaßzahl!

Lösung:
a)
$D(f) = \mathbb{R}\setminus\{-1\}$

$N(-1) = 0 \wedge Z(-1) = 1 \neq 0 \Rightarrow$ Pol ohne Vorzeichenwechsel

$\lim\limits_{x \to -1} f(x) = \infty$

$(x^3+2x^2):(x^2+2x+1) = x - \dfrac{x}{(x+1)^2}$
$-(x^3+2x^2+x)$
$\overline{}$
$\quad -x$

Asymptotenfunktion $f_A: x \to x$

b)
Nullstellen

$f(x) = 0 \iff x^3+2x^2 = 0 \iff x^2(x+2) = 0 \iff x = 0 \vee x = -2$

Extrema

$f'(x) = \dfrac{(3x^2+4x)(x+1)^2 - 2(x+1)(x^3+2x^2)}{(x+1)^4}$

$= \dfrac{(3x^2+4x)(x+1) - 2(x^3+2x^2)}{(x+1)^3} = \dfrac{3x^3+3x^2+4x^2+4x-2x^3-4x^2}{(x+1)^3}$

$= \dfrac{x^3+3x^2+4x}{(x+1)^3}$

$f'(x) = 0 \iff x^3+3x^2+4x = 0 \iff x(x^2+3x+4) = 0$

$\iff x = 0 \vee x^2+3x+\left(\dfrac{3}{2}\right)^2 = -4+\left(\dfrac{3}{2}\right)^2$

$\iff x = 0 \vee \left(x+\dfrac{3}{2}\right)^2 = -\dfrac{7}{4} \iff x = 0$

$$f''(x) = \frac{(3x^2+6x+4)(x+1)^3 - 3(x+1)^2(x^3+3x^2+4x)}{(x+1)^6}$$

$$= \frac{(3x^2+6x+4)(x+1) - 3(x^3+3x^2+4x)}{(x+1)^4}$$

$$= \frac{3x^3+3x^2+6x^2+6x+4x+4-3x^3-9x^2-12x}{(x+1)^4}$$

$$= \frac{4-2x}{(x+1)^4}$$

$f'(0) = 0 \wedge f''(0) > 0 \Rightarrow \text{Min}(0|0)$

Wendestellen

$f''(x) = 0 \Leftrightarrow 4-2x = 0 \Leftrightarrow x = 2$

$\left.\begin{array}{l} -1 < x < 2 \Rightarrow f''(x) > 0 \\ x > 2 \Rightarrow f''(x) < 0 \end{array}\right\} \Rightarrow \text{WP}(2|\frac{16}{9})$

c)

x	-5	-4	-3	-2	-1,5	-0,5	0	1	2	3	4	5
f(x)≈	-4,7	-3,6	-2,25	0	4,5	1,5	0	0,75	1,8	2,8	3,8	4,9

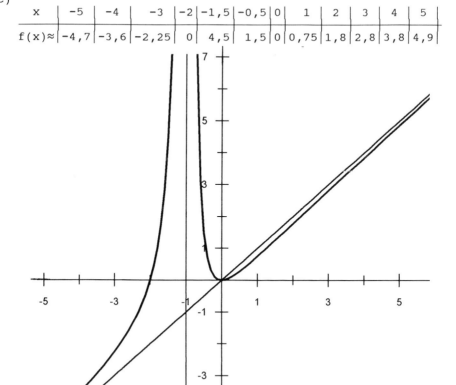

d) Die zur Tangente im Punkt $P(1|\frac{3}{4})$ des Graphen von f gehörende Tangentenfunktion ist

$t: x \rightarrow f'(1)(x-1)+f(1)$ mit $f'(1) = 1$

$t: x \rightarrow x - \frac{1}{4}$

$A = \int_0^1 [\frac{x^3+2x^2}{(x+1)^2} - (x-\frac{1}{4})]dx$

$= \int_0^1 [x - \frac{x}{(x+1)^2} - x + \frac{1}{4}]dx = \int_0^1 (\frac{1}{4} - \frac{x}{(x+1)^2})dx$

$= \frac{1}{4}x \Big|_0^1 - \int_0^1 \frac{x}{(x+1)^2}dx$

Das Integral läßt sich berechnen durch Substitution oder durch Teilbruchzerlegung oder durch geschickte Umformung des Integranden.

(1) Substitution

$t = g^{-1}(x) = x+1 \Leftrightarrow x = g(t) = t-1$; $g'(t) = 1$

$dx = dt$; $g^{-1}(0) = 1$; $g^{-1}(1) = 2$

$I = \int_1^2 \frac{t-1}{t^2}dt = \int_1^2 (\frac{1}{t} - \frac{1}{t^2})dt = \ln t + \frac{1}{t} \Big|_1^2 = \ln 2 + \frac{1}{2} - 1 = \ln 2 - \frac{1}{2}$

$A = \frac{1}{4} - \ln 2 + \frac{1}{2} = \frac{3}{4} - \ln 2$

(2) Teilbruchzerlegung

$\frac{x}{(x+1)^2} = \frac{B}{(x+1)^2} + \frac{C}{x+1} \Leftrightarrow x = B + C(x+1) \Leftrightarrow x = Cx+(B+C)$

Koeffizientenvergleich ergibt

$C = 1 \wedge B+C = 0 \Leftrightarrow C = 1 \wedge B = -1$

$I = \int_0^1 [\frac{-1}{(x+1)^2} + \frac{1}{x+1}]dx = \frac{1}{x+1} + \ln(x+1) \Big|_0^1 = \frac{1}{2} + \ln 2 - 1 = \ln 2 - \frac{1}{2}$

(3) Umformung des Integranden

$\frac{x}{(x+1)^2} = \frac{(x+1)-1}{(x+1)^2} = \frac{1}{x+1} - \frac{1}{(x+1)^2}$ (s. (2))

gebrochen rationale Funktion
Funktionsuntersuchung, Extremwertaufgabe

Gegeben ist die Funktion $f: x \to 2 \dfrac{x^4-4x^2}{2x^2+1}$.

a) Bestimme die Definitionsmenge D(f) und die Asymptotenfunktion!

b) Untersuche f auf Symmetrie, Nullstellen und Extrema!

c) Zeichne den Graphen von f!

d) Die Asymptote schließt mit der Tangente in den Tiefpunkten eine Fläche ein. Dieser Fläche wird ein gleichschenkliges Trapez einbeschrieben, dessen größere Grundseite die Strecke ist, die die Asymptote aus der Tangente ausschneidet. Welches von allen möglichen Trapezen hat den größten Flächeninhalt?

Lösung:

a)
   D(f) = R

$$(2x^4-8x^2):(2x^2+1) = x^2 - \dfrac{9}{2} + \dfrac{9}{2(2x^2+1)}$$
$$\underline{-(2x^4+ x^2)}$$
$$\quad -9x^2$$
$$\underline{-(-9x^2- \dfrac{9}{2})}$$
$$\quad\quad 4,5$$

Asymptotenfunktion $f_A: x \to x^2 - \dfrac{9}{2}$

b)
   Symmetrie

$$f(-x) = 2 \dfrac{(-x)^4-4(-x)^2}{2(-x)^2+1} = 2 \dfrac{x^4-4x^2}{2x^2+1} = f(x) \text{ für alle } x \in R, \text{ d.h.}$$

der Graph von f ist achsensymmetrisch bezüglich der y-Achse.

Nullstellen

$$f(x) = 0 \iff x^4-4x^2 = 0 \iff x^2(x^2-4) = 0 \iff x = 0 \lor x^2 = 4$$

$$\iff x = 0 \lor x = 2 \lor x = -2$$

Extrema

$$f'(x) = 2 \dfrac{(4x^3-8x)(2x^2+1)-4x(x^4-4x^2)}{(2x^2+1)^2}$$

$$= 2 \dfrac{8x^5+4x^3-16x^3-8x-4x^5+16x^3}{(2x^2+1)^2} = 2 \dfrac{4x^5+4x^3-8x}{(2x^2+1)^2}$$

$$f'(x) = 8\,\frac{x(x^4+x^2-2)}{(2x^2+1)^2}$$

$f'(x) = 0 \iff x(x^4+x^2-2) = 0 \iff x = 0 \lor x^4+x^2-2 = 0$

$\iff x = 0 \lor x^4+x^2+(\frac{1}{2})^2 = 2+(\frac{1}{2})^2 \iff x = 0 \lor (x^2+\frac{1}{2})^2 = \frac{9}{4}$

$\iff x = 0 \lor x^2 = 1 \lor x^2 = -2 \iff x = 0 \lor x = 1 \lor x = -1$

$$f''(x) = 8\,\frac{(5x^4+3x^2-2)(2x^2+1)^2 - 2(2x^2+1)\cdot 4x(x^5+x^3-2x)}{(2x^2+1)^4}$$

$$f''(x) = 8\,\frac{(5x^4+3x^2-2)(2x^2+1) - 2\cdot 4x(x^5+x^3-2x)}{(2x^2+1)^3}$$

$$= 8\,\frac{2x^6+3x^4+15x^2-2}{(2x^2+1)^3}$$

$f'(0) = 0 \land f''(0)<0 \Rightarrow \text{Max}(0|0)$

$f'(1) = 0 \land f''(1)>0 \Rightarrow \text{Min}(1|-2)$

$f'(-1) = 0 \land f''(-1)>0 \Rightarrow \text{Min}(-1|-2)$

c)

x	±3	±2	±1	±0,25	±0,5	0
f(x)≈	4,7	0	-2	-0,4	-1,25	0

d) Die zur Tangente in den Tiefpunkten gehörende Tangentenfunktion ist

$t: x \to -2$; $f_A: x \to x^2 - \frac{9}{2}$

$f_A(x) = t(x) \iff x^2 - \frac{9}{2} = -2 \iff x^2 = \frac{5}{2}$

$\iff x = \frac{1}{2}\sqrt{10} \lor x = -\frac{1}{2}\sqrt{10}$

Die Eckpunkte des Trapezes sind $P_1(-u \mid u^2 - \frac{9}{2})$, $P_2(u \mid u^2 - \frac{9}{2})$

$P_3(\frac{1}{2}\sqrt{10} \mid -2)$, $P_4(-\frac{1}{2}\sqrt{10} \mid -2)$, $0 < u < \frac{1}{2}\sqrt{10}$

Der Flächeninhalt des Trapezes beträgt demnach

$A(u) = \frac{1}{2}(\sqrt{10} + 2u)(-2 - u^2 + \frac{9}{2}) = \frac{1}{2}(\sqrt{10} + 2u)(\frac{5}{2} - u^2)$

$A'(u) = \frac{1}{2}[2(\frac{5}{2} - u^2) - 2u(\sqrt{10} + 2u)] = \frac{1}{2}(-6u^2 - 2\sqrt{10}\,u + 5)$

$A'(u) = 0 \iff -6u^2 - 2\sqrt{10}\,u + 5 = 0 \iff u^2 + \frac{1}{3}\sqrt{10}\,u = \frac{5}{6}$

$\iff u^2 + \frac{1}{3}\sqrt{10}\,u + (\frac{1}{6}\sqrt{10})^2 = \frac{5}{6} + (\frac{1}{6}\sqrt{10})^2$

$\iff (u + \frac{1}{6}\sqrt{10})^2 = \frac{10}{9}$

$\iff u + \frac{1}{6}\sqrt{10} = \frac{1}{3}\sqrt{10} \lor u + \frac{1}{6}\sqrt{10} = -\frac{1}{3}\sqrt{10}$

$\iff u = \frac{1}{6}\sqrt{10} \lor u = -\frac{1}{2}\sqrt{10} \iff u = \frac{1}{6}\sqrt{10}$

$A''(u) = \frac{1}{2}(-12u - 2\sqrt{10})$

$A'(\frac{1}{6}\sqrt{10}) = 0 \land A''(\frac{1}{6}\sqrt{10}) < 0 \Rightarrow$ lokales Maximum

$A(\frac{1}{6}\sqrt{10}) = \frac{40}{27}\sqrt{10}$

Wegen $\operatorname*{r-lim}_{u \to 0} A(u) = \frac{5}{4}\sqrt{10}$ und $\operatorname*{l-lim}_{u \to \alpha} A(u) = 0$ $\alpha := \frac{1}{2}\sqrt{10}$

ist das gefundene lokale Maximum zugleich auch das absolute Maximum.

gebrochen rationale Funktion
Funktionsuntersuchung, Extremwertaufgabe, Flächenberechnung

Gegeben ist die Funktionsschar $f_a: x \to \dfrac{ax+1}{(x+1)^2}$, $a \in \mathbb{R}\setminus\{0\}$.

a) Bestimme die Definitionsmenge $D(f_a)$, die Art der Definitionslücke und die Asymptotenfunktion!

b) Untersuche f_a auf Nullstellen, Extrema und Wendestellen!

c) Die Extrempunkte liegen auf dem Graphen einer Funktion g. Ermittle g!

d) Zeichne den Graphen für $a = -1$!

e) Jeder Graph der Schar hat mit jedem anderen der Schar genau einen Punkt gemeinsam. Ermittle seine Koordinaten!

f) Die Tangente im Punkt $P(0|1)$ des Graphen von f_a bildet mit der x-Achse und der Geraden mit der Gleichung $x = -1$ ein Dreieck. Für welchen Wert a, a<2, wird die Flächenmaßzahl minimal?

g) Berechne die Maßzahl der Fläche, die von den positiven Koordinatenachsen und dem Graphen von f_{-1} begrenzt wird!

Lösung:

a)
$D(f_a) = \mathbb{R}\setminus\{-1\}$

$N(-1) = 0 \land Z(-1) = 1-a \neq 0$ für $a \neq 1$
$\Rightarrow$ Pol ohne Vorzeichenwechsel

$\lim\limits_{x \to -1} f_a(x) = \begin{cases} \infty & \text{für } a<1 \\ -\infty & \text{für } a>1 \end{cases}$

$a = 1:\ f_1(x) = \dfrac{x+1}{(x+1)^2} = \dfrac{1}{x+1}$ $(x \neq -1)$

f_1 besitzt an der Stelle $x = -1$ einen Pol mit Vorzeichenwechsel.

$\text{r-}\lim\limits_{x \to -1} f_1(x) = \infty$; $\text{l-}\lim\limits_{x \to -1} f_1(x) = -\infty$

$\lim\limits_{x \to \pm\infty} f_a(x) = 0$ Asymptotenfunktion $f_A: x \to 0$

b)
Nullstellen

$f_a(x) = 0 \iff ax+1 = 0 \iff x = -\dfrac{1}{a}$ $(a \neq 1)$

Extrema

$f_a'(x) = \dfrac{a(x+1)^2 - 2(x+1)(ax+1)}{(x+1)^4} = \dfrac{a(x+1) - 2(ax+1)}{(x+1)^3}$

$$f_a'(x) = \frac{-ax+a-2}{(x+1)^3}$$

$$f_a'(x) = 0 \iff -ax+a-2 = 0 \iff ax = a-2 \iff x = \frac{a-2}{a} \quad (a \neq 1)$$

$$f_a''(x) = \frac{-a(x+1)^3-3(x+1)^2(-ax+a-2)}{(x+1)^6} = \frac{-a(x+1)-3(-ax+a-2)}{(x+1)^4}$$

$$= \frac{-ax-a+3ax-3a+6}{(x+1)^4} = 2\frac{ax-2a+3}{(x+1)^4}$$

Um zu entscheiden, ob ein Extremum vorliegt, genügt es, den Zähler Z(x) der 2.Ableitung zu betrachten.

$$Z(\frac{a-2}{a}) = a-2-2a+3 = 1-a \begin{cases} >0 \text{ für } a<1 \\ <0 \text{ für } a>1 \end{cases}$$

$$f_a'(\frac{a-2}{a}) = 0 \wedge f_a''(\frac{a-2}{a}) \begin{cases} >0 \text{ für } a<1 \Rightarrow \text{Min} \\ <0 \text{ für } a>1 \Rightarrow \text{Max} \end{cases}$$

$$f_a(\frac{a-2}{a}) = \frac{a^2}{4(a-1)}$$

Wendestellen

$$f_a''(x) = 0 \iff ax-2a+3 = 0 \iff ax = 2a-3 \iff x = \frac{2a-3}{a} \quad (a \neq 1)$$

$$f_a'''(x) = 2\frac{a(x+1)^4 - 4(x+1)^3(ax-2a+3)}{(x+1)^8} = 2\frac{a(x+1)-4(ax-2a+3)}{(x+1)^5}$$

$$= 2\frac{-3ax+9a-12}{(x+1)^5}$$

$$f_a''(\frac{2a-3}{a}) = 0 \wedge f_a'''(\frac{2a-3}{a}) \neq 0 \Rightarrow \text{Wendepunkt}$$

$$f_a(\frac{2a-3}{a}) = \frac{2a^2}{9(a-1)}$$

c)

$$x = \frac{a-2}{a} \iff ax = a-2 \iff a(1-x) = 2 \iff a = \frac{2}{1-x} \quad (x \neq 1) \quad \text{(I)}$$

$$y = \frac{a^2}{4(a-1)} \iff y = \frac{1}{4}a^2\frac{1}{a-1} \quad \text{(II)}$$

(I) in (II) eingesetzt ergibt

$$y = \frac{1}{4}\frac{4}{(1-x)^2}\frac{1-x}{1+x} \iff y = \frac{1}{1-x^2}$$

Die Extrempunkte liegen auf dem Graphen der Funktion
$g: x \to \dfrac{1}{1-x^2}$, $x \in \mathbb{R} \setminus \{1,-1\}$.

d) $a = -1$: $f_{-1}(x) = \dfrac{1-x}{(x+1)^2}$

x	-6	-5	-4	-3	-2	-1,5	-0,5	0	1	2	3	4
$f_{-1}(x) \approx$	0,3	0,4	0,6	1	3	10	6	1	0	-0,1	-0,125	-0,12

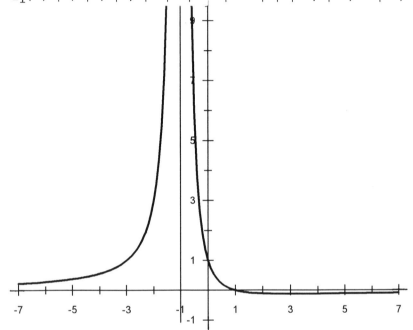

e) $f_a(x) = f_b(x) \Leftrightarrow \dfrac{ax+1}{(x+1)^2} = \dfrac{bx+1}{(x+1)^2} \Leftrightarrow ax+1 = bx+1$
$\Leftrightarrow (a-b)x = 0 \Leftrightarrow x = 0 \quad P(0|1)$

f) Die zur Tangente im Punkt $P(0|1)$ des Graphen von f_a gehörende Tangentenfunktion ist

$t: x \to f_a'(0)(x-0) + f_a(0)$ mit $f_a'(0) = a-2$

$t: x \to (a-2)x + 1$

Der Flächeninhalt des Dreiecks mit den Eckpunkten $A(-1|y_A)$, $B(-1|0)$ und $C(x_C|0)$ beträgt

$A = \dfrac{1}{2}|y_A \cdot [x_C-(-1)]| = \dfrac{1}{2}|y_A \cdot (x_C+1)|$

$(-1|y_A) \in t \Leftrightarrow t(-1) = y_A \Leftrightarrow y_A = 3-a$

$(x_C|0) \in t \iff t(x_C) = 0 \iff (a-2)x_C + 1 = 0 \iff x_C = \dfrac{1}{2-a}$

$A(a) = \dfrac{1}{2} \left| (3-a)\left(\dfrac{1}{2-a} + 1\right) \right| = \dfrac{1}{2} \dfrac{(3-a)^2}{2-a}$, $a < 2$

$A'(a) = \dfrac{1}{2} \dfrac{-2(3-a)(2-a) - (3-a)^2(-1)}{(2-a)^2}$

$ = \dfrac{1}{2} \dfrac{(3-a)[-2(2-a)+3-a]}{(2-a)^2} = \dfrac{1}{2} \dfrac{(3-a)(a-1)}{(2-a)^2}$

$A'(a) = 0 \iff (3-a)(a-1) = 0 \iff a = 3 \lor a = 1 \iff a = 1$

$\left.\begin{array}{l} a<1 \Rightarrow A'(a)<0 \\ 1<a<2 \Rightarrow A'(a)>0 \end{array}\right\} \Rightarrow$ lokales Minimum

$A(1) = \dfrac{1}{2} \cdot 4 = 2$

Wegen $\lim\limits_{a \to 2} A(a) = \infty$ und $\lim\limits_{a \to -\infty} A(a) = \infty$

ist das gefundene lokale Minimum zugleich auch das absolute Minimum.

g)
$$A = \int_0^1 \dfrac{1-x}{(x+1)^2} dx$$

Substitution

$t = g^{-1}(x) = x+1 \iff x = g(t) = t-1$; $g'(t) = 1$;

$dx = dt$; $g^{-1}(0) = 1$; $g^{-1}(1) = 2$

$$A = \int_1^2 \dfrac{-t+2}{t^2} dt = \int_1^2 \left(-\dfrac{1}{t} + \dfrac{2}{t^2}\right) dt = \left. -\ln t - \dfrac{2}{t} \right|_1^2$$

$ = -\ln 2 - 1 - (-\ln 1 - 2) = 1 - \ln 2$

Das Integral läßt sich auch ohne Substitution, allein durch geschickte Umformung des Integranden berechnen.

$\dfrac{1-x}{(x+1)^2} = \dfrac{-(x+1)+2}{(x+1)^2} = \dfrac{-1}{x+1} + \dfrac{2}{(x+1)^2}$

$$\int_0^1 \left[-\dfrac{1}{x+1} + \dfrac{2}{(x+1)^2}\right] dx = \left. -\ln(x+1) - \dfrac{2}{x+1} \right|_0^1$$

$ = -\ln 2 - 1 - (-\ln 1 - 2) = 1 - \ln 2$

gebrochen rationale Funktion
Funktionsuntersuchung, Flächenberechnung

1. Gegeben ist die Funktionsschar $f_a : x \to \frac{1}{2} \frac{x^2-ax}{x+2}$, $a \in \mathbb{R}$.

a) Bestimme die Definitionsmenge $D(f_a)$, die Art der Definitionslücke und die Asymptotenfunktion!

b) Untersuche f_a auf Nullstellen, Extrema und Wendestellen!

c) Die Extrempunkte liegen auf dem Graphen einer Funktion g. Ermittle g!

d) Weise nach, daß der Graph von f_a punktsymmetrisch zum Punkt $S(-2|-0,5(a+4))$ ist!

e) Zeichne den Graphen für $a = 6$!

f) Zeige, daß die Tangente in jedem Punkt $P(u|f_6(u))$ des Graphen von f_6, die Asymptote und die Gerade $g: x = -2$ ein Dreieck bilden, dessen Flächeninhalt von u unabhängig ist!

g) Berechne die Maßzahl der Fläche, die der Graph von f_6 mit der x-Achse begrenzt!

Lösung:

a)
$f_a : x \to \frac{1}{2} \frac{x^2-ax}{x+2}$

$D(f_a) = \mathbb{R}\setminus\{-2\}$; $N(-2) = 0 \wedge Z(-2) = 4+2a \neq 0$ für $a \neq -2$

$\Rightarrow$ Pol mit Vorzeichenwechsel

$\text{r-lim}_{x \to -2} f_a(x) = \begin{cases} \infty & \text{für } a > -2 \\ -\infty & \text{für } a < -2 \end{cases}$

$\text{l-lim}_{x \to -2} f_a(x) = \begin{cases} -\infty & \text{für } a > -2 \\ \infty & \text{für } a < -2 \end{cases}$

$a = -2$: $f_{-2}(x) = \frac{1}{2} \frac{x^2+2x}{x+2} = \frac{1}{2}x$ $(x \neq -2)$

$\lim_{x \to -2} f_{-2}(x) = -1$ Lücke $(-2|-1)$

$\begin{array}{l} (x^2-ax):(x+2) = x - a - 2 + \dfrac{2a+4}{x+2} \\ \underline{-(x^2+2x)} \\ \quad (-a-2)x \\ \underline{-[(-a-2)x - 2a - 4]} \\ \qquad\qquad 2a+4 \end{array}$

$$f_a(x) = \frac{1}{2}x - \frac{1}{2}(a+2) + \frac{a+2}{x+2}$$

Asymptotenfunktion f_A: $x \to \frac{1}{2}x - \frac{1}{2}(a+2)$

b)
Nullstellen

$f_a(x) = 0 \iff x^2 - ax = 0 \iff x(x-a) = 0$

$\iff x = 0 \lor x = a \quad (a \neq -2)$

Extrema

$$f_a'(x) = \frac{1}{2} \frac{(2x-a)(x+2) - (x^2-ax)}{(x+2)^2} = \frac{1}{2} \frac{x^2+4x-2a}{(x+2)^2}$$

$f_a'(x) = 0 \iff x^2+4x-2a = 0 \iff (x+2)^2 = 4+2a$

$\iff x = -2+\sqrt{4+2a} \lor x = -2-\sqrt{4+2a} \quad (a > -2)$

$$f_a''(x) = \frac{1}{2} \frac{(2x+4)(x+2)^2 - 2(x+2)(x^2+4x-2a)}{(x+2)^4}$$

$$= \frac{1}{2} \frac{(2x+4)(x+2) - 2(x^2+4x-2a)}{(x+2)^3}$$

$$= \frac{1}{2} \frac{2x^2+4x+4x+8-2x^2-8x+4a}{(x+2)^3}$$

$$= \frac{1}{2} \frac{4a+8}{(x+2)^3} = 2 \frac{a+2}{(x+2)^3}$$

$f_a'(-2+\sqrt{4+2a}) = 0 \land f_a''(-2+\sqrt{4+2a}) > 0 \implies$ Min

$f_a(-2+\sqrt{4+2a}) = \frac{1}{2}(-4-a+2\sqrt{4+2a})$

$f_a'(-2-\sqrt{4+2a}) = 0 \land f_a''(-2-\sqrt{4+2a}) < 0 \implies$ Max

$f_a(-2-\sqrt{4+2a}) = \frac{1}{2}(-4-a-2\sqrt{4+2a})$

Wendestellen

$f_a''(x) \neq 0$ für alle $x \in D(f_a)$, f_a besitzt keine Wendestellen.

c)

$x = -2+\sqrt{4+2a} \iff \sqrt{4+2a} = x+2 \iff 4+2a = x^2+4x+4$

$\Leftrightarrow a = \frac{1}{2}x^2+2x$ **(1)** $\quad y = \frac{1}{2}(-4-a+2\sqrt{4+2a})$ **(2)**

(1) in (2) eingesetzt ergibt

$y = \frac{1}{2}[-4- \frac{1}{2}x^2-2x+2(x+2)] \Leftrightarrow y = \frac{1}{2}(-\frac{1}{2}x^2) \Leftrightarrow y = -\frac{1}{4}x^2$

$x = -2-\sqrt{4+2a} \Leftrightarrow \sqrt{4+2a} = -x-2 \Leftrightarrow 4+2a = x^2+4x+4$

$\Leftrightarrow a = \frac{1}{2}x^2+2x$ **(3)** $\quad y = \frac{1}{2}(-4-a-2\sqrt{4+2a})$ **(4)**

(3) in (4) eingesetzt ergibt

$y = \frac{1}{2}[-4- \frac{1}{2}x^2-2x-2(-x-2)] \Leftrightarrow y = \frac{1}{2}(-\frac{1}{2}x^2) \Leftrightarrow y = -\frac{1}{4}x^2$

Die Extrempunkte liegen auf dem Graphen der Funktion

$g: x \to -\frac{1}{4}x^2$.

d) Es ist zu zeigen, daß für alle $x \in D(f_a)$ gilt:
$f_a(x) + f_a(-4-x) = -(a+4)$.

$f_a(x) + f_a(-4-x) = \frac{1}{2}\frac{x^2-ax}{x+2} + \frac{1}{2}\frac{(-4-x)^2-a(-4-x)}{-4-x+2}$

$= \frac{1}{2}(\frac{x^2-ax}{x+2} + \frac{16+8x+x^2+4a+ax}{-2-x}) = \frac{1}{2}\frac{x^2-ax-(16+8x+x^2+4a+ax)}{x+2}$

$= \frac{1}{2}\frac{-2ax-16-4a-8x}{x+2} = -\frac{1}{2} \cdot 2 \frac{ax+2a + 4x+8}{x+2} = -\frac{a(x+2)+4(x+2)}{x+2}$

$= -\frac{(x+2)(a+4)}{x+2} = -(a+4)$

e)

$a = 6: f_6(x) = \frac{1}{2}\frac{x^2-6x}{x+2} \quad \text{Min}(2|-1) \quad \text{Max}(-6|-9)$

x	-10	-9	-8	-7	-6	-5	-4	-3	-1	0	1	2
$f_6(x) \approx$	-10	-9,6	-9,3	-9,1	-9	-9,2	-10	-13,5	3,5	0	-0,8	-1

x	3	4	5	6	7	8	9	10
$f_6(x) \approx$	-0,9	-0,7	-0,4	0	0,4	0,8	1,2	1,7

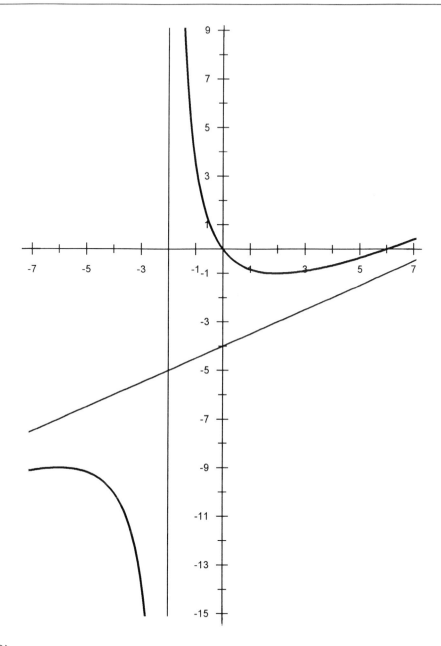

f)
   Die zur Tangente im Punkt $P(u|f_6(u))$ des Graphen von f_6 gehörende Tangentenfunktion ist

   t:x -> $f_6'(u)(x-u)+f_6(u)$

   $t(x) = \frac{1}{2} \frac{u^2+4u-12}{(u+2)^2}(x-u) + \frac{1}{2} \frac{u^2-6u}{u+2}$

Für den Flächeninhalt des Dreiecks mit den Eckpunkten
$A(-2|y_A)$, $B(-2|y_B)$ und $C(x_C|y_C)$ ergibt sich

$$A = \frac{1}{2}|(y_A-y_B)\cdot(x_C+2)|$$

mit $(-2|y_A)\epsilon t$, $(-2|y_B)\epsilon f_A$, $(x_C|y_C)\epsilon t\cap f_A$

$(-2|y_A)\epsilon t \iff t(-2) = y_A$

$\iff y_A = \frac{1}{2}\frac{u^2+4u-12}{(u+2)^2}(-2-u) + \frac{1}{2}\frac{u^2-6u}{u+2}$

$\iff y_A = -\frac{1}{2}\frac{u^2+4u-12}{u+2} + \frac{1}{2}\frac{u^2-6u}{u+2} \iff y_A = \frac{6-5u}{u+2}$

Die Asymptotenfunktion lautet $f_A: x \to \frac{1}{2}x-4$.

$(-2|y_B)\epsilon f_A \iff f_A(-2) = y_B \iff y_B = -5$

$t(x) = f_A(x) \iff \frac{1}{2}\frac{u^2+4u-12}{(u+2)^2}(x-u) + \frac{1}{2}\frac{u^2-6u}{u+2} = \frac{1}{2}x-4$

$\iff (u^2+4u-12)(x-u) + (u^2-6u)(u+2) = (x-8)(u+2)^2$

$\iff (u^2+4u-12)x - u^3 - 4u^2 + 12u + u^3 + 2u^2 - 6u^2 - 12u = (u+2)^2 x - 8(u+2)^2$

$\iff (u^2+4u-12)x - 8u^2 = (u+2)^2 x - 8u^2 - 32u - 32$

$\iff (u^2+4u-12)x = (u^2+4u+4)x - 32u - 32$

$\iff 32u+32 = 16x \iff x = 2u+2$

$x_C = 2u+2$

$A = \frac{1}{2}\left|\left(\frac{6-5u}{u+2}+5\right)(2u+2+2)\right| = \frac{1}{2}\left|\frac{16}{u+2}\cdot 2(u+2)\right| = 16$

g)

$A = \left|\frac{1}{2}\int_0^6 \frac{x^2-6x}{x+2}dx\right| = \left|\frac{1}{2}\int_0^6 (x-8+\frac{16}{x+2})dx\right|$

$= \left|\frac{1}{2}(\frac{1}{2}x^2-8x+16\ln(x+2))\Big|_0^6\right| = \left|\frac{1}{2}(18-48+16\ln 8-16\ln 2)\right|$

$= |-15+8\ln 8-8\ln 2| = |-15+8\ln 4| = 15-8\ln 4$

```
gebrochen rationale Funktion
Funktionsuntersuchung, Flächenberechnung, Extremwertaufgabe
```

1. Gegeben ist die Funktionsschar $f_a : x \to \dfrac{(x-a)^2}{x^2+a}$, $a \in \mathbb{R}\setminus\{0\}$.

a) Bestimme die Definitionsmenge $D(f_a)$, die Art der Definitionslücken und die Asymptotenfunktion!

b) Untersuche f_a auf Nullstellen und Extrema!

c) Zeichne die Graphen für $a = -1$ und $a = 2$!

d) Die Graphen von f_{-1} und $g : x \to -x + 6{,}5$ begrenzen eine Fläche. Berechne ihre Flächenmaßzahl!

e) Die Tangente im Punkt $P(u|f_{-1}(u))$ des Graphen von f_{-1} bildet mit den Koordinatenachsen ein Dreieck. Für welche Werte $u \in \mathbb{R}$ ist das Dreieck gleichschenklig? Wie groß ist sein Flächeninhalt?

f) Die Tangente im Punkt $P(u|f_{-1}(u))$, $u>1$, des Graphen von f_{-1} bildet mit den Koordinatenachsen ein Dreieck. Bestimme u so, daß die Flächenmaßzahl $A(u)$ des Dreiecks minimal wird!

Lösung:

a) $D(f_a) = \{x \in \mathbb{R} \mid x^2 + a \neq 0\}$

$x^2 + a = 0 \iff x^2 = -a \iff x = \sqrt{-a} \lor x = -\sqrt{-a}$ (a<0)

$D(f_a) = \begin{cases} \mathbb{R}\setminus\{\sqrt{-a}, -\sqrt{-a}\} & \text{für } a<0 \\ \mathbb{R} & \text{für } a>0 \end{cases}$

$\lim\limits_{x \to \pm\infty} f_a(x) = 1$ Asymptotenfunktion $f_A : x \to 1$

a<0: $N(\sqrt{-a}) = 0 \land Z(\sqrt{-a}) = (\sqrt{-a} - a)^2 \neq 0$

$\Rightarrow$ Pol mit Vorzeichenwechsel ; setze $z := \sqrt{-a}$

$\text{r-lim}\limits_{x \to z} f_a(x) = \infty$; $\text{l-lim}\limits_{x \to z} f_a(x) = -\infty$

$N(-\sqrt{-a}) = 0 \land Z(-\sqrt{-a}) = (-\sqrt{-a} - a)^2 \neq 0$ für $a \neq -1$

$\Rightarrow$ Pol mit Vorzeichenwechsel ; setze $w := -\sqrt{-a}$

$\text{r-lim}\limits_{x \to w} f_a(x) = -\infty$; $\text{l-lim}\limits_{x \to w} f_a(x) = \infty$

$a = -1$: $f_{-1}(x) = \dfrac{(x+1)^2}{x^2-1} = \dfrac{(x+1)^2}{(x-1)(x+1)} = \dfrac{x+1}{x-1}$ $(x \neq -1)$

$\lim\limits_{x \to -1} f_{-1}(x) = 0$ Lücke $(-1 | 0)$

b) **Nullstellen**

$f_a(x) = 0 \iff (x-a)^2 = 0 \iff x = a$ $(a \neq -1)$

Extrema

$$f_a'(x) = \frac{2(x-a)(x^2+a)-2x(x-a)^2}{(x^2+a)^2} = \frac{2(x-a)[x^2+a-x(x-a)]}{(x^2+a)^2}$$

$$= \frac{2(x-a)(ax+a)}{(x^2+a)^2} = 2a\frac{(x-a)(x+1)}{(x^2+a)^2}$$

$$f_a'(x) = 0 \iff (x-a)(x+1) = 0 \iff x = a \lor x = -1$$

$a>0$: $x \epsilon U_l(a) \implies f_a'(x)<0$
 $x \epsilon U_r(a) \implies f_a'(x)>0$ $\bigg\}$ $\implies$ Min$(a|0)$

 $x \epsilon U_l(-1) \implies f_a'(x)>0$
 $x \epsilon U_r(-1) \implies f_a'(x)<0$ $\bigg\}$ $\implies$ Max$(-1|a+1)$

$a<0$:
(1) $-1<a<0$: $x \epsilon U_l(a) \implies f_a'(x)>0$
$\phantom{(1) -1<a<0:\ }$ $x \epsilon U_r(a) \implies f_a'(x)<0$ $\bigg\}$ $\implies$ Max$(a|0)$

$\phantom{(1) -1<a<0:\ }$ $x \epsilon U_l(-1) \implies f_a'(x)<0$
$\phantom{(1) -1<a<0:\ }$ $x \epsilon U_r(-1) \implies f_a'(x)>0$ $\bigg\}$ $\implies$ Min$(-1|a+1)$

(2) $a<-1$: $x \epsilon U_l(a) \implies f_a'(x)<0$
$\phantom{(2) a<-1:\ }$ $x \epsilon U_r(a) \implies f_a'(x)>0$ $\bigg\}$ $\implies$ Min$(a|0)$

$\phantom{(2) a<-1:\ }$ $x \epsilon U_l(-1) \implies f_a'(x)>0$
$\phantom{(2) a<-1:\ }$ $x \epsilon U_r(-1 \implies f_a'(x)<0$ $\bigg\}$ $\implies$ Max$(-1|a+1)$

oder Nachweis der Extrema mit Hilfe der 2.Ableitung

$$f_a'(x) = 2a\frac{x^2+x-ax-a}{(x^2+a)^2}$$

$$f_a''(x) = 2a\frac{(2x+1-a)(x^2+a)^2-2(x^2+a)2x(x^2+x-ax-a)}{(x^2+a)^4}$$

$$= 2a\frac{(2x+1-a)(x^2+a)-4x(x^2+x-ax-a)}{(x^2+a)^3}$$

$$= 2a\frac{2x^3+2ax+x^2+a-ax^2-a^2-4x^3-4x^2+4ax^2+4ax}{(x^2+a)^3}$$

$$= 2a\frac{-2x^3-3x^2+3ax^2+6ax+a-a^2}{(x^2+a)^3}$$

$$f_a''(a) = 2a\frac{a^3+2a^2+a}{[a(a+1)]^3} = \frac{2a^2(a+1)^2}{a^3(a+1)^3} = \frac{2}{a(a+1)}$$

$f_a''(a)>0 \iff a(a+1)>0 \iff a>0 \lor a<-1$

$f_a''(a) < 0 \iff -1 < a < 0$

$f_a'(a) = 0 \wedge f_a''(a) \begin{cases} >0 \text{ für } a>0 \vee a<-1 & \Rightarrow \text{Min} \\ <0 \text{ für } -1<a<0 & \Rightarrow \text{Max} \end{cases}$

$f_a''(-1) = 2a \dfrac{-a^2-2a-1}{(1+a)^3} = \dfrac{-2a(a+1)^2}{(a+1)^3} = \dfrac{-2a}{a+1}$

$f_a''(-1) > 0 \iff \dfrac{-2a}{a+1} > 0 \iff \dfrac{a}{a+1} < 0 \iff -1 < a < 0$

$f_a''(-1) < 0 \iff a>0 \vee a<-1$

$f_a'(-1) = 0 \wedge f_a''(-1) \begin{cases} <0 \text{ für } a>0 \vee a<-1 & \Rightarrow \text{Max} \\ >0 \text{ für } -1<a<0 & \Rightarrow \text{Min} \end{cases}$

c)

$a = -1: \ f_{-1}(x) = \dfrac{(x+1)^2}{x^2-1} = \dfrac{x+1}{x-1} \ (x \neq -1)$

x	-5	-4	-3	-2	0	0,5	1,5	2	3	4	5
$f_{-1}(x) \approx$	0,7	0,6	0,5	0,3	-1	-3	5	3	2	1,7	1,5

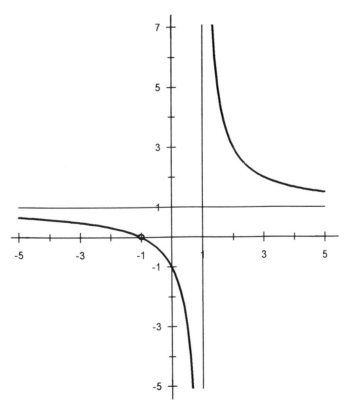

$a = 2$: $f_2(x) = \dfrac{(x-2)^2}{x^2+2}$

x	-6	-5	-4	-3	-2	-1	0	1	2	3	4	5	6
$f_2(x)\approx$	1,7	1,8	2	2,3	2,7	3	2	0,3	0	0,1	0,2	0,3	0,4

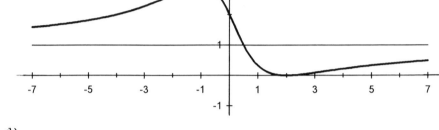

d)
$f_{-1}(x) = g(x) \iff \dfrac{x+1}{x-1} = -x + \dfrac{13}{2} \iff x+1 = -x^2 + \dfrac{15}{2}x - \dfrac{13}{2}$

$\iff x^2 - \dfrac{13}{2}x + (\dfrac{13}{4})^2 = -\dfrac{15}{2} + (\dfrac{13}{4})^2$

$\iff (x - \dfrac{13}{4})^2 = \dfrac{49}{16} \iff x - \dfrac{13}{4} = \dfrac{7}{4} \vee x - \dfrac{13}{4} = -\dfrac{7}{4}$

$\iff x = 5 \vee x = 1,5$

$A = \displaystyle\int_{1,5}^{5} [g(x)-f_{-1}(x)]dx = \int_{1,5}^{5} (-x+6,5 - \dfrac{x+1}{x-1})dx$

$= \displaystyle\int_{1,5}^{5} (-x+6,5 - (1 + \dfrac{2}{x-1}))dx = \int_{1,5}^{5} (-x + 5,5 - \dfrac{2}{x-1})dx$

$= -\dfrac{1}{2}x^2 + \dfrac{11}{2}x - 2\ln(x-1) \Big|_{1,5}^{5}$

$= -\dfrac{25}{2} + \dfrac{55}{2} - 2\ln 4 - (-\dfrac{9}{8} + \dfrac{33}{4} - 2\ln\dfrac{1}{2})$

$= 15 - 4\ln 2 + \dfrac{9}{8} - \dfrac{33}{4} - 2\ln 2 = \dfrac{63}{8} - 6\ln 2$

e)
Das Dreieck, das von der Tangente im Punkt $P(u|f_{-1}(u))$ und den Koordinatenachsen gebildet wird, ist gleichschenklig, wenn gilt: $f_{-1}'(u) = -1$.

$f_{-1}(x) = \dfrac{x+1}{x-1}$

$$f_{-1}'(x) = \frac{x-1-(x+1)}{(x-1)^2} = \frac{-2}{(x-1)^2}$$

$$f_{-1}'(u) = -1 \iff \frac{-2}{(u-1)^2} = -1 \iff (u-1)^2 = 2$$

$$\iff u-1 = \sqrt{2} \lor u-1 = -\sqrt{2} \iff u = 1+\sqrt{2} \lor u = 1-\sqrt{2}$$

$t_1: x \rightarrow f_{-1}'(1+\sqrt{2})(x-1-\sqrt{2})+f(1+\sqrt{2})$

$t_1(x) = -1(x-1-\sqrt{2})+\sqrt{2}+1 \iff t_1(x) = -x + 2+2\sqrt{2}$

Der Flächeninhalt A_1 des Dreiecks mit den Eckpunkten $O(0|0)$, $A(x_A|0)$ und $B(0|y_B)$ beträgt

$A_1 = \frac{1}{2}|x_A \cdot y_B|$ mit $x_A = y_B = 2+2\sqrt{2}$

$A_1 = \frac{1}{2}(2+2\sqrt{2})^2 = \frac{1}{2}(4+8\sqrt{2}+8) = \frac{1}{2}(12+8\sqrt{2}) = 6+4\sqrt{2}$

$t_2: x \rightarrow f_{-1}'(1-\sqrt{2})(x-1+\sqrt{2})+f_{-1}(1-\sqrt{2})$

$t_2(x) = -1(x-1+\sqrt{2})+1-\sqrt{2} \iff t_2(x) = -x + 2-2\sqrt{2}$

$A_2 = \frac{1}{2}|x_A \cdot y_B|$ mit $x_A = y_B = 2-2\sqrt{2}$

$A_2 = \frac{1}{2}(2-2\sqrt{2})^2 = \frac{1}{2}(4-8\sqrt{2}+8) = \frac{1}{2}(12-8\sqrt{2}) = 6-4\sqrt{2}$

f) Die zur Tangente im Punkt $P(u|f_{-1}(u))$ des Graphen von f_{-1} gehörende Tangentenfunktion ist

$t: x \rightarrow f_{-1}'(u)(x-u)+f_{-1}(u)$

$t: x \rightarrow \frac{-2}{(u-1)^2}(x-u) + \frac{u+1}{u-1}$

Der Flächeninhalt des Dreiecks mit den Eckpunkten $O(0|0)$, $A(x_A|0)$ und $B(0|y_B)$ beträgt

$A = \frac{1}{2}|x_A \cdot y_B|$

$(x_A|0) \in t \iff t(x_A) = 0 \iff \frac{-2}{(u-1)^2}(x_A-u) + \frac{u+1}{u-1} = 0$

$\iff 2(x_A-u) = (u+1)(u-1) \iff x_A-u = \frac{1}{2}(u^2-1)$

$\iff x_A = \frac{1}{2}(u^2+2u-1)$

$(0|y_B) \in t \iff t(0) = y_B \iff y_B = \frac{2u}{(u-1)^2} + \frac{u+1}{u-1}$

$\iff y_B = \frac{u^2+2u-1}{(u-1)^2}$

$$A(u) = \frac{1}{4}\left(\frac{u^2+2u-1}{u-1}\right)^2 \quad, \quad u\in\mathbb{R}^{>1}$$

$$A'(u) = \frac{1}{2}\frac{u^2+2u-1}{u-1}\frac{(2u+2)(u-1)-(u^2+2u-1)}{(u-1)^2}$$

$$= \frac{1}{2}\frac{u^2+2u-1}{u-1}\frac{2u^2-2u+2u-2-u^2-2u+1}{(u-1)^2}$$

$$= \frac{1}{2}\frac{u^2+2u-1}{u-1}\frac{u^2-2u-1}{(u-1)^2}$$

$A'(u) = 0 \iff u^2+2u-1 = 0 \lor u^2-2u-1 = 0$

$\iff (u+1)^2 = 2 \lor (u-1)^2 = 2$

$\iff u = -1+\sqrt{2} \lor u = -1-\sqrt{2} \lor u = 1+\sqrt{2} \lor u = 1-\sqrt{2}$

$\iff u = 1+\sqrt{2}$

$\left.\begin{array}{l}1<u<1+\sqrt{2} \Rightarrow A'(u)<0 \\ u>1+\sqrt{2} \Rightarrow A'(u)>0\end{array}\right\} \Rightarrow$ lokales Minimum

$A(1+\sqrt{2}) = 6+4\sqrt{2}$

Wegen $\text{r-}\lim\limits_{u\to 1} A(u) = \infty$ und $\lim\limits_{u\to\infty} A(u) = \infty$ ist das gefundene lokale Minimum zugleich auch das absolute Minimum.

> Wurzelfunktion, Logarithmusfunktion
> Funktionsuntersuchung, Flächenberechnung

1. Gegeben ist die Funktionsschar $f_a : x \to \dfrac{\sqrt{ax-3}}{x}$, $a \in \mathbb{R}^{>0}$.

a) Bestimme die Definitionsmenge $D(f_a)$ und die Asymptotenfunktion!

b) Untersuche f_a auf Nullstellen, Extrema und Wendestellen!

c) Zeichne den Graphen für $a = 4$!

2. Betrachtet wird nun die Funktion $g : x \to \ln f_4(x)$.

d) Bestimme die Definitionsmenge $D(g)$ und untersuche das Verhalten von $g(x)$, wenn x gegen die Grenzen des Definitionsbereiches strebt!

e) Untersuche g auf Nullstellen, Extrema und Wendestellen!

f) Zeichne den Graphen von g!

g) Berechne die Maßzahl der Fläche, die der Graph von g mit der x-Achse begrenzt!

Lösung:

a)
$D(f_a) = \{x \in \mathbb{R} \mid ax-3 \geq 0 \land x \neq 0\}$

$ax-3 \geq 0 \land x \neq 0 \iff x \geq \dfrac{3}{a}$ $D(f_a) = [\dfrac{3}{a}; \infty[$

$\lim\limits_{x \to \infty} f_a(x) = 0$ Asymptotenfunktion $f_A : x \to 0$

b) **Nullstellen**

$f_a(x) = 0 \iff x = \dfrac{3}{a}$

Extrema

$f_a'(x) = \dfrac{0{,}5(ax-3)^{-0{,}5}ax - (ax-3)^{0{,}5}}{x^2}$

$= \dfrac{1}{2} \dfrac{(ax-3)^{-0{,}5}[ax - 2(ax-3)]}{x^2} = \dfrac{1}{2} \dfrac{(ax-3)^{-0{,}5}(6-ax)}{x^2}$

$f_a'(x) = \iff 6 - ax = 0 \iff x = \dfrac{6}{a}$

$f_a''(x)$

$= \dfrac{1}{2} \dfrac{[-0{,}5a(ax-3)^{-1{,}5}(6-ax) - a(ax-3)^{-0{,}5}]x^2 - 2x(ax-3)^{-0{,}5}(6-ax)}{x^4}$

$$= \frac{1}{2} \frac{[-0{,}5a(6-ax)-a(ax-3)](ax-3)^{-1{,}5}x - 2(ax-3)^{-0{,}5}(6-ax)}{x^3}$$

$$= \frac{1}{2} \frac{(-3a+0{,}5a^2x-a^2x+3a)(ax-3)^{-1{,}5}x - 2(ax-3)^{-0{,}5}(6-ax)}{x^3}$$

$$= \frac{1}{2} \frac{(ax-3)^{-1{,}5}(-0{,}5a^2x^2) - 2(ax-3)^{-0{,}5}(6-ax)}{x^3}$$

$$= \frac{1}{2} \frac{(ax-3)^{-1{,}5}[-0{,}5a^2x^2 - 2(ax-3)(6-ax)]}{x^3}$$

$$= \frac{1}{2} \frac{(ax-3)^{-1{,}5}(-0{,}5a^2x^2-12ax+2a^2x^2+36-6ax)}{x^3}$$

$$= \frac{1}{2} \frac{(ax-3)^{-1{,}5}(1{,}5a^2x^2-18ax+36)}{x^3}$$

$$= \frac{1}{4} \frac{(ax-3)^{-1{,}5}(3a^2x^2-36ax+72)}{x^3}$$

$f_a'(\frac{6}{a}) = 0 \wedge f_a''(\frac{6}{a}) < 0 \Rightarrow \text{Max}(\frac{6}{a} | \frac{a\sqrt{3}}{6})$

Wendestellen

$f_a''(x) = 0 \Leftrightarrow 3a^2x^2-36ax+72 = 0 \Leftrightarrow x^2 - \frac{12}{a}x + \frac{24}{a^2} = 0$

$\Leftrightarrow (x-\frac{6}{a})^2 = (\frac{6}{a})^2 - \frac{24}{a^2} \Leftrightarrow (x-\frac{6}{a})^2 = \frac{12}{a^2}$

$\Leftrightarrow x = \frac{6}{a} + \frac{2\sqrt{3}}{a} \vee x = \frac{6}{a} - \frac{2\sqrt{3}}{a}$

$\Leftrightarrow x = \frac{6+2\sqrt{3}}{a} =: x_W$

$\left.\begin{array}{l} \frac{3}{a} < x < x_W \Rightarrow f_a''(x) < 0 \\ x > x_W \Rightarrow f_a''(x) > 0 \end{array}\right\} \Rightarrow \text{Wendestelle bei } x = \frac{6+2\sqrt{3}}{a}$

c)

$a = 4: f_4(x) = \frac{\sqrt{4x-3}}{x}$

x	0,75	1	1,5	2	3	4	5	7	9
$f_4(x) \approx$	0	1	1,2	1,1	1	0,9	0,8	0,7	0,6

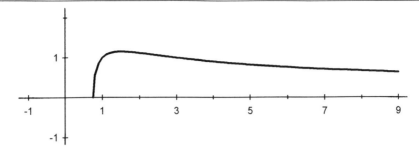

d)

$$g: x \to \ln\frac{\sqrt{4x-3}}{x} \qquad D(g) = \{x \in \mathbb{R} \mid x > 0 \land 4x-3 > 0\} = \left]\frac{3}{4}; \infty\right[$$

$$\lim_{x \to \infty} g(x) = -\infty \quad ; \quad \text{r-}\lim_{x \to 0{,}75} g(x) = -\infty$$

e)

Nullstellen

$$g(x) = 0 \iff \sqrt{4x-3} = x \implies 4x-3 = x^2 \iff x^2-4x+4 = -3+4$$

$$\iff (x-2)^2 = 1 \iff x-2 = 1 \lor x-2 = -1 \iff x = 3 \lor x = 1$$

Extrema

$$g(x) = \frac{1}{2}\ln(4x-3) - \ln x$$

$$g'(x) = \frac{1}{2}\frac{4}{4x-3} - \frac{1}{x} = \frac{2}{4x-3} - \frac{1}{x}$$

$$= \frac{2x-(4x-3)}{x(4x-3)} = \frac{-2x+3}{x(4x-3)} = \frac{-2x+3}{4x^2-3x}$$

$$g'(x) = 0 \iff -2x+3 = 0 \iff x = \frac{3}{2}$$

$$g''(x) = \frac{-2(4x^2-3x)-(-2x+3)(8x-3)}{(4x^2-3x)^2}$$

$$= \frac{-8x^2+6x+16x^2-6x-24x+9}{(4x^2-3x)^2} = \frac{8x^2-24x+9}{(4x^2-3x)^2}$$

$$g'\left(\frac{3}{2}\right) = 0 \land g''\left(\frac{3}{2}\right) < 0 \implies \text{Max}\left(\frac{3}{2} \mid \ln\frac{2}{3}\sqrt{3}\right)$$

Wendestellen

$$g''(x) = 0 \iff 8x^2-24x+9 = 0 \iff x^2-3x+\frac{9}{8} = 0$$

$$\iff x^2-3x+\left(\frac{3}{2}\right)^2 = -\frac{9}{8}+\left(\frac{3}{2}\right)^2 \iff \left(x-\frac{3}{2}\right)^2 = \frac{9}{8}$$

$$\iff x-\frac{3}{2} = \frac{3}{\sqrt{8}} \lor x-\frac{3}{2} = -\frac{3}{\sqrt{8}}$$

$$\iff x = \frac{3}{2} + \frac{3}{4}\sqrt{2} \iff x = \frac{3}{4}(2+\sqrt{2}) =: \alpha$$

$\frac{3}{4} < x < \alpha \Rightarrow g''(x) < 0$
$x > \alpha \Rightarrow g''(x) > 0$ $\Bigg\} \Rightarrow$ Wendestelle bei $x = \frac{3}{4}(2+\sqrt{2})$

f)

x	0,8	0,9	1	2	3	4	5	6	8	10
g(x)≈	-0,6	-0,2	0	0,1	0	-0,1	-0,2	-0,3	-0,4	-0,5

g)
$$A = \int_1^3 \ln\frac{\sqrt[4]{4x-3}}{x} dx$$

partielle Integration

$$u(x) = \ln\frac{\sqrt[4]{4x-3}}{x} \quad ; \quad u'(x) = \frac{-2x+3}{x(4x-3)} \quad ; \quad v'(x) = 1 \quad ; \quad v(x) = x$$

$$A = x \cdot \ln\frac{\sqrt[4]{4x-3}}{x} \Big|_1^3 - \int_1^3 \frac{-2x+3}{4x-3} dx$$

$$\begin{array}{l} (-2x+3):(4x-3) = -\frac{1}{2} + \frac{3}{2}\frac{1}{4x-3} \\ \underline{-(-2x+1,5)} \\ \qquad 1,5 \end{array}$$

$$A = x \cdot \ln\frac{\sqrt[4]{4x-3}}{x} \Big|_1^3 - \int_1^3 \left(-\frac{1}{2} + \frac{3}{2}\frac{1}{4x-3}\right) dx$$

$$= x \cdot \ln\frac{\sqrt[4]{4x-3}}{x} + \frac{1}{2}x \Big|_1^3 - \frac{3}{2} \cdot \frac{1}{4} \int_1^3 \frac{4}{4x-3} dx$$

Substitution

$t = g(x) = 4x-3 \quad ; \quad g'(x) = 4 \quad ; \quad dt = 4dx \quad ; \quad g(1) = 1 \quad ; \quad g(3) = 9$

$$A = x \cdot \ln\frac{\sqrt[4]{4x-3}}{x} + \frac{1}{2}x \Big|_1^3 - \frac{3}{8} \int_1^9 \frac{1}{t} dt = \frac{3}{2} - \frac{1}{2} - \frac{3}{8}\ln t \Big|_1^9 = 1 - \frac{3}{8}\ln 9$$

> Wurzelfunktion
> Funktionsuntersuchung

Gegeben ist die Funktion $f: x \to x \sqrt{\dfrac{x-4}{x-6}}$.

a) Bestimme die Definitionsmenge D(f), untersuche das Verhalten von f(x), wenn x gegen die Grenzen des Definitionsbereiches strebt und ermittle die Asymptotenfunktion!

b) Untersuche f auf Nullstellen, Extrema und Wendestellen!

c) Zeichne den Graphen von f!

Lösung:

a)
$$D(f) = \{x \in R \mid \dfrac{x-4}{x-6} \geq 0\}$$

$\dfrac{x-4}{x-6} \geq 0 \iff (x-4 \geq 0 \land x-6 > 0) \lor (x-4 \leq 0 \land x-6 < 0)$

$\iff (x \geq 4 \land x > 6) \lor (x \leq 4 \land x < 6) \iff x > 6 \lor x \leq 4$

$D(f) = R \setminus]4;6]$; $\underset{x \to 6}{\text{r-lim}}\ f(x) = \infty$

$\underset{x \to \infty}{\lim} f(x) = \infty$; $\underset{x \to -\infty}{\lim} f(x) = -\infty$

$$f(x) = \pm \sqrt{\dfrac{x^3 - 4x^2}{x-6}}$$

$(x^3 - 4x^2) : (x-6) = x^2 + 2x + 12 + \dfrac{72}{x-6}$
$-(x^3 - 6x^2)$
──────────
$\quad 2x^2$
$-(2x^2 - 12x)$
──────────
$\qquad 12x$
$\quad -(12x - 72)$
──────────
$\qquad\qquad 72$

$g(x) = x^2 + 2x + 12 + \dfrac{72}{x-6} = (x+1)^2 + (11 + \dfrac{72}{x-6})$; $f(x) = \pm\sqrt{g(x)}$

Asymptotenfunktion $f_A : x \to x+1$, denn $f_A(x) = \pm|x+1| = x+1$

b)
Nullstellen

$f(x) = 0 \iff x = 0 \lor x = 4$

Extrema

$f'(x) = \left(\dfrac{x-4}{x-6}\right)^{0,5} + x \cdot \dfrac{1}{2}\left(\dfrac{x-4}{x-6}\right)^{-0,5} \dfrac{x-6-(x-4)}{(x-6)^2}$

$$f'(x) = (\frac{x-4}{x-6})^{-0,5}[\frac{x-4}{x-6} + \frac{1}{2}x\frac{-2}{(x-6)^2}]$$

$$= (\frac{x-4}{x-6})^{-0,5}\frac{(x-4)(x-6)-x}{(x-6)^2}$$

$$= (\frac{x-4}{x-6})^{-0,5}\frac{x^2-11x+24}{(x-6)^2}$$

$$f'(x) = 0 \Leftrightarrow x^2-11x+24 = 0 \Leftrightarrow x^2 -11x+(\frac{11}{2})^2 = -24+(\frac{11}{2})^2$$

$$\Leftrightarrow (x-\frac{11}{2})^2 = \frac{25}{4} \Leftrightarrow x-\frac{11}{2} = \frac{5}{2} \vee x-\frac{11}{2} = -\frac{5}{2}$$

$$\Leftrightarrow x = 8 \vee x = 3$$

$$f''(x) = -\frac{1}{2}(\frac{x-4}{x-6})^{-1,5}\frac{-2}{(x-6)^2}\frac{x^2-11x+24}{(x-6)^2}$$

$$+ (\frac{x-4}{x-6})^{-0,5}\frac{(2x-11)(x-6)^2-2(x-6)(x^2-11x+24)}{(x-6)^4}$$

$$= (\frac{x-4}{x-6})^{-1,5}[\frac{x^2-11x+24}{(x-6)^4} + \frac{x-4}{x-6}\frac{(2x-11)(x-6)-2(x^2-11x+24)}{(x-6)^3}]$$

$$= (\frac{x-4}{x-6})^{-1,5}[\frac{x^2-11x+24}{(x-6)^4} + \frac{x-4}{x-6}\frac{-x+18}{(x-6)^3}]$$

$$= (\frac{x-4}{x-6})^{-1,5}[\frac{x^2-11x+24}{(x-6)^4} + \frac{-x^2+18x+4x-72}{(x-6)^4}]$$

$$= (\frac{x-4}{x-6})^{-1,5}\frac{11x-48}{(x-6)^4}$$

$f'(8) = 0 \wedge f''(8)>0 \Rightarrow \text{Min}(8|8\sqrt{2})$

$f'(3) = 0 \wedge f''(3)<0 \Rightarrow \text{Max}(3|\sqrt{3})$

Wendestellen

$f''(x) = 0 \Leftrightarrow 11x-48 = 0 \Leftrightarrow x = \frac{48}{11}$

f besitzt keine Wendestellen, da die Zahl $\frac{48}{11}$ nicht zu D(f) gehört.

c)

x	-6	-5	-4	-3	-2	-1	0	1	2	3	4	6,5
f(x)≈	-5,5	-4,5	-3,6	-2,6	-1,7	-0,8	0	0,8	1,4	1,7	0	14,5

x	7	8	9	10	11	12
f(x)≈	12,1	11,3	11,6	12,2	13,0	13,9

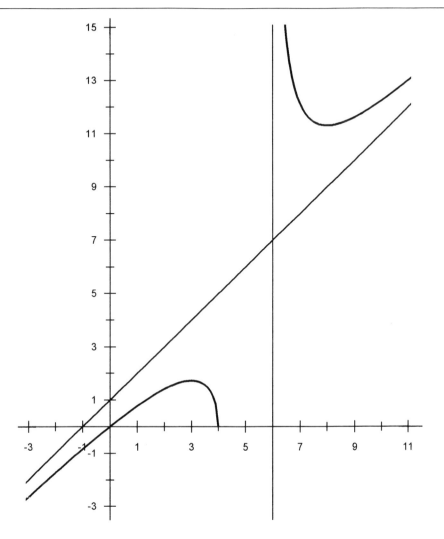

Wurzelfunktion
Funktionsuntersuchung, Umkehrfunktion, Flächenberechnung

Gegeben ist die Funktion $f: x \to \dfrac{2-x}{\sqrt{4x-x^2}}$.

a) Bestimme die Definitionsmenge D(f) und untersuche das Verhalten von f(x), wenn x gegen die Grenzen des Definitionsbereiches strebt!

b) Untersuche f auf Nullstellen, Extrema und Wendestellen!

c) Zeichne den Graphen von f!

d) Weise nach, daß der Graph von f punktsymmetrisch zum Punkt S(2|0) ist!

e) Begründe, daß f umkehrbar ist und ermittle f^{-1}!

f) Berechne die Maßzahl der Fläche, die zwischen dem Graphen von f und den Koordinatenachsen liegt!

Lösung:
a)

$D(f) = \{x \epsilon R | 4x-x^2 > 0\}$

$4x-x^2 > 0 \iff x(4-x) > 0 \iff (x>0 \land 4-x>0) \lor (x<0 \land 4-x<0)$

$\iff (x>0 \land x<4) \lor (x<0 \land x>4) \iff 0<x<4$

$D(f) =]0;4[$

$\text{r-lim}_{x \to 0} f(x) = \infty$; $\text{l-lim}_{x \to 4} f(x) = -\infty$

b)
Nullstellen

$f(x) = 0 \iff 2-x = 0 \iff x = 2$

Extrema

$f(x) = (2-x)(4x-x^2)^{-0,5}$

$f'(x) = -1(4x-x^2)^{-0,5} - \dfrac{1}{2}(4x-x^2)^{-1,5}(4-2x)(2-x)$

$\quad = (4x-x^2)^{-1,5}[-(4x-x^2) - (2-x)^2]$

$\quad = (4x-x^2)^{-1,5}(-4x+x^2-4+4x-x^2)$

$\quad = -4(4x-x^2)^{-1,5}$

$f'(x)<0$ für alle $x \epsilon]0;4[$, d.h. f ist streng monoton fallend.

Wendestellen

$f''(x) = 6(4x-x^2)^{-2,5}(4-2x) = 12(4x-x^2)^{-2,5}(2-x)$

$f''(x) = 0 \iff 2-x = 0 \iff x = 2$

$0<x<2 \Rightarrow f''(x)>0$
$2<x<4 \Rightarrow f''(x)<0$ $\Big\} \Rightarrow WP(2|0)$

c)

x	0,25	0,5	1	2	3	3,5	3,75
f(x)≈	1,8	1,1	0,6	0	-0,6	-1,1	-1,8

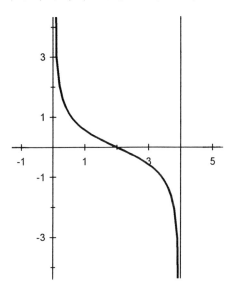

d) Es ist zu zeigen, daß für alle x∈D(f) gilt: $f(4-x)+f(x) = 0$.

$$f(4-x)+f(x) = \frac{2-(4-x)}{\sqrt{4(4-x)-(4-x)^2}} + \frac{2-x}{\sqrt{4x-x^2}}$$

$$= \frac{-2+x}{\sqrt{16-4x-16+8x-x^2}} + \frac{2-x}{\sqrt{4x-x^2}}$$

$$= \frac{-2+x}{\sqrt{4x-x^2}} + \frac{2-x}{\sqrt{4x-x^2}} = 0$$

e) Da f streng monoton ist, ist f umkehrbar.

$f:]0;4[\to \mathbb{R}$
$\quad x \to \dfrac{2-x}{\sqrt{4x-x^2}}$

$$y = \frac{2-x}{\sqrt{4x-x^2}} \qquad \text{Vertauschen der Variablen ergibt}$$

$$x = \frac{2-y}{\sqrt{4y-y^2}} \Leftrightarrow x^2(4y-y^2) = (2-y)^2 \Leftrightarrow 4x^2y - x^2y^2 = 4 - 4y + y^2$$

$$\Leftrightarrow (x^2+1)y^2 - 4(x^2+1)y = -4 \Leftrightarrow y^2 - 4y = \frac{-4}{x^2+1}$$

$$\Leftrightarrow (y-2)^2 = \frac{4x^2}{x^2+1} \Leftrightarrow y = 2 + \frac{2x}{\sqrt{x^2+1}} \lor y = 2 - \frac{2x}{\sqrt{x^2+1}}$$

$$\Leftrightarrow y = 2 - \frac{2x}{\sqrt{x^2+1}}$$

$$f^{-1}: \mathbb{R} \to \,]0;4[$$
$$x \to 2 - \frac{2x}{\sqrt{x^2+1}}$$

f)
$$A(z) = \int_z^2 \frac{2-x}{(4x-x^2)^{0,5}}\, dx = \frac{1}{2} \int_z^2 \frac{4-2x}{(4x-x^2)^{0,5}}\, dx$$

Substitution

$$t = g(x) = 4x - x^2 \;;\; g'(x) = 4 - 2x \;;\; dt = (4-2x)dx$$

$$g(z) = 4z - z^2 =: \alpha \;;\; g(2) = 4$$

$$A(z) = \frac{1}{2} \int_\alpha^4 \frac{1}{\sqrt{t}}\, dt = \sqrt{t}\Big|_\alpha^4 = 2 - \sqrt{\alpha}$$

Mit $\alpha = 4z - z^2$ folgt $A(z) = 2 - \sqrt{4z-z^2}$

$$A = \text{r-lim}_{z \to 0} A(z) = 2$$

> Trigonometrische Funktion
> Funktionsuntersuchung, Flächenberechnung

Gegeben ist die Funktion $f: x \to \cos x(1-4\sin^2 x)$, $x \in \mathbb{R}$.

a) Untersuche f auf Symmetrie, Nullstellen, Extrema und Wendestellen!

b) Zeichne den Graphen von f!

c) Berechne die Maßzahl der Fläche, die der Graph von f mit der x-Achse zwischen zwei aufeinanderfolgenden Nullstellen begrenzt!

Lösung:

a)

Symmetrie

$f(-x) = \cos(-x)[1 - 4(\sin(-x))^2] = \cos x[1 - 4(-\sin x)^2]$

$\quad\quad = \cos x(1 - 4\sin^2 x) = f(x)$

für alle $x \in \mathbb{R}$, d.h. der Graph von f ist achsensymmetrisch bezüglich der y-Achse.

Nullstellen

$f(x) = 0 \iff \cos x(1-4\sin^2 x) = 0 \iff \cos x = 0 \;\vee\; \sin^2 x = \dfrac{1}{4}$

$\iff \cos x = 0 \;\vee\; \sin x = \dfrac{1}{2} \;\vee\; \sin x = -\dfrac{1}{2}$

$\iff x = \dfrac{\pi}{2}+n\cdot 2\pi \;\vee\; x = \dfrac{3}{2}\pi+n\cdot 2\pi \;\vee\; x = \dfrac{\pi}{6}+n\cdot 2\pi \;\vee\; x = \dfrac{5}{6}\pi+n\cdot 2\pi$

$\vee\; x = \dfrac{7}{6}\pi+n\cdot 2\pi \;\vee\; x = \dfrac{11}{6}\pi+n\cdot 2\pi \quad (n \in \mathbb{Z})$

Extrema

$f'(x) = -\sin x(1-4\sin^2 x) + \cos x(-8\sin x \cos x)$

$\quad\quad = -\sin x + 4\sin^3 x - 8\sin x \cos^2 x$

$\quad\quad = -\sin x + 4\sin^3 x - 8\sin x(1-\sin^2 x)$

$\quad\quad = 12\sin^3 x - 9\sin x$

$\quad\quad = 3\sin x(4\sin^2 x - 3)$

$f'(x) = 0 \iff \sin x = 0 \;\vee\; 4\sin^2 x - 3 = 0$

$\iff \sin x = 0 \;\vee\; \sin^2 x = \dfrac{3}{4}$

$\iff \sin x = 0 \;\vee\; \sin x = \dfrac{1}{2}\sqrt{3} \;\vee\; \sin x = -\dfrac{1}{2}\sqrt{3}$

$$\Leftrightarrow x = 0+n\cdot 2\pi \;\vee\; x = \pi+n\cdot 2\pi \;\vee\; x = \frac{\pi}{3}+n\cdot 2\pi \;\vee\; x = \frac{2}{3}\pi+n\cdot 2\pi$$

$$\vee\; x = \frac{4}{3}\pi+n\cdot 2\pi \;\vee\; x = \frac{5}{3}\pi+n\cdot 2\pi$$

$$f''(x) = 36\sin^2 x\cos x - 9\cos x$$
$$= 9\cos x(4\sin^2 x - 1)$$

$$f'(0+n\cdot 2\pi) = 0 \;\wedge\; f''(0+n\cdot 2\pi)<0 \;\Rightarrow\; \text{Max}(0+n\cdot 2\pi\,|\,1)$$
$$f'(\pi+n\cdot 2\pi) = 0 \;\wedge\; f''(\pi+n\cdot 2\pi)>0 \;\Rightarrow\; \text{Min}(\pi+n\cdot 2\pi\,|\,-1)$$
$$f'(\tfrac{\pi}{3}+n\cdot 2\pi) = 0 \;\wedge\; f''(\tfrac{\pi}{3}+n\cdot 2\pi)>0 \;\Rightarrow\; \text{Min}(\tfrac{\pi}{3}+n\cdot 2\pi\,|\,-1)$$
$$f'(\tfrac{2}{3}\pi+n\cdot 2\pi) = 0 \;\wedge\; f''(\tfrac{2}{3}\pi+n\cdot 2\pi)<0 \;\Rightarrow\; \text{Max}(\tfrac{2}{3}\pi+n\cdot 2\pi\,|\,1)$$
$$f'(\tfrac{4}{3}\pi+n\cdot 2\pi) = 0 \;\wedge\; f''(\tfrac{4}{3}\pi+n\cdot 2\pi)<0 \;\Rightarrow\; \text{Max}(\tfrac{4}{3}\pi+n\cdot 2\pi\,|\,1)$$
$$f'(\tfrac{5}{3}\pi+n\cdot 2\pi) = 0 \;\wedge\; f''(\tfrac{5}{3}\pi+n\cdot 2\pi)>0 \;\Rightarrow\; \text{Min}(\tfrac{5}{3}\pi+n\cdot 2\pi\,|\,-1)$$

Wendestellen

$$f''(x) = 0 \;\Leftrightarrow\; \cos x = 0 \;\vee\; \sin^2 x = \frac{1}{4}$$

$$\Leftrightarrow\; \cos x = 0 \;\vee\; \sin x = \frac{1}{2} \;\vee\; \sin x = -\frac{1}{2}$$

$$\Leftrightarrow\; x = \frac{\pi}{2}+n\cdot 2\pi \;\vee\; x = \frac{3}{2}\pi+n\cdot 2\pi \;\vee\; x = \frac{\pi}{6}+n\cdot 2\pi \;\vee\; x = \frac{5}{6}\pi+n\cdot 2\pi$$

$$\vee\; x = \frac{7}{6}\pi+n\cdot 2\pi \;\vee\; x = \frac{11}{6}\pi+n\cdot 2\pi$$

$$f'''(x) = 9[-\sin x(4\sin^2 x - 1) + \cos x\cdot 8\sin x\cos x]$$
$$= 9(-4\sin^3 x + \sin x + 8\sin x\cos^2 x)$$
$$= 9[-4\sin^3 x + \sin x + 8\sin x(1-\sin^2 x)]$$
$$= 9(-12\sin^3 x + 9\sin x) = 27\sin x(-4\sin^2 x + 3)$$

$$f''(\tfrac{\pi}{2}+n\cdot 2\pi) = 0 \;\wedge\; f'''(\tfrac{\pi}{2}+n\cdot 2\pi)\neq 0 \;\Rightarrow\; \text{WP}(\tfrac{\pi}{2}+n\cdot 2\pi\,|\,0)$$
$$f''(\tfrac{3}{2}\pi+n\cdot 2\pi) = 0 \;\wedge\; f'''(\tfrac{3}{2}\pi+n\cdot 2\pi)\neq 0 \;\Rightarrow\; \text{WP}(\tfrac{3}{2}\pi+n\cdot 2\pi\,|\,0)$$
$$f''(\tfrac{\pi}{6}+n\cdot 2\pi) = 0 \;\wedge\; f'''(\tfrac{\pi}{6}+n\cdot 2\pi)\neq 0 \;\Rightarrow\; \text{WP}(\tfrac{\pi}{6}+n\cdot 2\pi\,|\,0)$$
$$f''(\tfrac{5}{6}\pi+n\cdot 2\pi) = 0 \;\wedge\; f'''(\tfrac{5}{6}\pi+n\cdot 2\pi)\neq 0 \;\Rightarrow\; \text{WP}(\tfrac{5}{6}\pi+n\cdot 2\pi\,|\,0)$$

$$f''(\tfrac{7}{6}\pi+n\cdot 2\pi) = 0 \wedge f'''(\tfrac{7}{6}\pi+n\cdot 2\pi) \neq 0 \Rightarrow WP(\tfrac{7}{6}\pi+n\cdot 2\pi \mid 0)$$

$$f''(\tfrac{11}{6}\pi+n\cdot 2\pi) = 0 \wedge f'''(\tfrac{11}{6}\pi+n\cdot 2\pi) \neq 0 \Rightarrow WP(\tfrac{11}{6}\pi+n\cdot 2\pi \mid 0)$$

b)

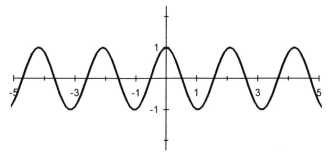

c)
$$A = \int_\alpha^\beta \cos x(1-4\sin^2 x)\,dx = \int_\alpha^\beta \cos x\,dx - 4\int_\alpha^\beta \sin^2 x \cos x\,dx$$

Substitution

$$t = g(x) = \sin x \;;\; g'(x) = \cos x \;;\; dt = \cos x\,dx$$

$$A = \sin x \Big|_\alpha^\beta - 4\int_{g(\alpha)}^{g(\beta)} t^2\,dt = \sin\beta - \sin\alpha - \tfrac{4}{3}t^3 \Big|_{g(\alpha)}^{g(\beta)}$$

Mit $\alpha = \tfrac{\pi}{2}$ und $\beta = \tfrac{5}{6}\pi$ folgt $g(\tfrac{\pi}{2}) = 1$ und $g(\tfrac{5}{6}\pi) = \tfrac{1}{2}$

$$A = \sin\tfrac{5}{6}\pi - \sin\tfrac{\pi}{2} - \tfrac{4}{3}(\tfrac{1}{8} - 1) = \tfrac{1}{2} - 1 - \tfrac{4}{3}(-\tfrac{7}{8})$$

$$= -\tfrac{1}{2} + \tfrac{7}{6} = \tfrac{4}{6} = \tfrac{2}{3}$$

> Trigonometrische Funktion
> Funktionsuntersuchung, Flächenberechnung

Gegeben ist die Funktion $f: x \rightarrow \dfrac{\cos x}{\sin^2 x}$.

a) Bestimme die Definitionsmenge D(f) und die Art der Definitionslücken!

b) Untersuche f auf Symmetrie, Nullstellen, Extrema und Wendestellen!

c) Zeichne den Graphen von f!

d) Berechne die Maßzahl der Fläche unter dem Graphen von f im Intervall $[\dfrac{\pi}{6}; \dfrac{\pi}{2}]$!

Lösung:

a)

$D(f) = \{x \in \mathbb{R} \mid \sin^2 x \neq 0\}$

$\sin^2 x = 0 \iff \sin x = 0 \iff x = 0 + n \cdot 2\pi \lor x = \pi + n \cdot 2\pi \quad (n \in \mathbb{Z})$

$D(f) = \{x \mid x \neq n \cdot 2\pi \land x \neq \pi + n \cdot 2\pi \land n \in \mathbb{Z}\}$

$N(0 + n \cdot 2\pi) = 0 \land Z(0 + n \cdot 2\pi) = 1 \neq 0$

$\Rightarrow$ Pol ohne Vorzeichenwechsel $\quad \lim\limits_{x \to 0 + n \cdot 2\pi} f(x) = \infty$

$N(\pi + n \cdot 2\pi) = 0 \land Z(\pi + n \cdot 2\pi) = -1 \neq 0$

$\Rightarrow$ Pol ohne Vorzeichenwechsel $\quad \lim\limits_{x \to \pi + n \cdot 2\pi} f(x) = -\infty$

b)

Symmetrie

$f(-x) = \dfrac{\cos(-x)}{(\sin(-x))^2} = \dfrac{\cos x}{(-\sin x)^2} = \dfrac{\cos x}{\sin^2 x} = f(x)$

für alle $x \in D(f)$, d.h. der Graph von f ist achsensymmetrisch bezüglich der y-Achse.

Nullstellen

$f(x) = 0 \iff \cos x = 0 \iff x = \dfrac{\pi}{2} + n \cdot 2\pi \lor x = \dfrac{3}{2}\pi + n \cdot 2\pi$

Extrema

$f'(x) = \dfrac{-\sin x \sin^2 x - 2 \sin x \cos x \cos x}{\sin^4 x} = \dfrac{-\sin^2 x - 2\cos^2 x}{\sin^3 x}$

$= \dfrac{-\sin^2 x - 2(1 - \sin^2 x)}{\sin^3 x} = \dfrac{\sin^2 x - 2}{\sin^3 x}$

$f'(x) \neq 0$ für alle $x \in D(f)$, f besitzt keine Extrema.

Wendestellen

$$f''(x) = \frac{2\sin x \cos x \sin^3 x - 3\sin^2 x \cos x (\sin^2 x - 2)}{\sin^6 x}$$

$$= \frac{2\sin^2 x \cos x - 3\cos x (\sin^2 x - 2)}{\sin^4 x}$$

$$= \frac{\cos x (6 - \sin^2 x)}{\sin^4 x}$$

$f''(x) = 0 \iff \cos x = 0 \iff x = \frac{\pi}{2} + n \cdot 2\pi \;\lor\; x = \frac{3}{2}\pi + n \cdot 2\pi$

$\left. \begin{array}{l} x \in U_l(\frac{\pi}{2} + n \cdot 2\pi) \;\Rightarrow\; f''(x) > 0 \\[4pt] x \in U_r(\frac{\pi}{2} + n \cdot 2\pi) \;\Rightarrow\; f''(x) < 0 \end{array} \right\} \Rightarrow WP(\frac{\pi}{2} + n \cdot 2\pi \,|\, 0)$

$\left. \begin{array}{l} x \in U_l(\frac{3}{2}\pi + n \cdot 2\pi) \;\Rightarrow\; f''(x) < 0 \\[4pt] x \in U_r(\frac{3}{2}\pi + n \cdot 2\pi) \;\Rightarrow\; f''(x) > 0 \end{array} \right\} \Rightarrow WP(\frac{3}{2}\pi + n \cdot 2\pi \,|\, 0)$

c)

x	$\pi/6$	$\pi/3$	$\pi/2$	$2\pi/3$	$5\pi/6$	$7\pi/6$	$4\pi/3$	$5\pi/3$	$11\pi/6$
$f(x) \approx$	3,5	0,7	0	-0,7	-3,5	-3,5	-0,7	0,7	3,5

d)

$$A = \int_{\pi/6}^{\pi/2} \frac{\cos x}{\sin^2 x} dx$$

Substitution

$t = g(x) = \sin x$; $g'(x) = \cos x$; $dt = \cos x\, dx$

$g(\frac{\pi}{6}) = \frac{1}{2}$; $g(\frac{\pi}{2}) = 1$

$$A = \int_{1/2}^{1} \frac{1}{t^2} dt = -\frac{1}{t}\Big|_{1/2}^{1} = -(1-2) = 1$$

Trigonometrische Funktion
Funktionsuntersuchung, Flächenberechnung

Gegeben ist die Funktion $f: x \rightarrow \dfrac{1+\cos x}{\cos^2 x}$.

a) Bestimme die Definitionsmenge D(f) und die Art der Definitionslücken!

b) Untersuche f auf Symmetrie, Nullstellen und Extrema!

c) Zeichne den Graphen von f!

d) Zeige, daß die Funktion $F: x \rightarrow \ln|\tan(\dfrac{x}{2}+\dfrac{\pi}{4})| + \tan x$ eine Stammfunktion von f ist!

[Hinweis: $2\sin x \cos x = \sin 2x$; $\sin(x+\dfrac{\pi}{2}) = \cos x$]

e) Berechne die Maßzahl der Fläche, die der Graph von f mit den positiven Koordinatenachsen und der Geraden $g: x = \dfrac{\pi}{3}$ begrenzt!

Lösung:

a)

$D(f) = \{x \in \mathbb{R} \mid \cos^2 x \neq 0\}$

$\cos^2 x = 0 \iff \cos x = 0 \iff x = \dfrac{\pi}{2}+n\cdot 2\pi \lor x = \dfrac{3}{2}\pi+n\cdot 2\pi$ $(n \in \mathbb{Z})$

$N(\dfrac{\pi}{2}+n\cdot 2\pi) = 0 \land Z(\dfrac{\pi}{2}+n\cdot 2\pi) = 1 \neq 0$

$\Rightarrow$ Pol ohne Vorzeichenwechsel

$\lim_{x \to \pi/2+n\cdot 2\pi} f(x) = \infty$

$N(\dfrac{3}{2}\pi+n\cdot 2\pi) = 0 \land Z(\dfrac{3}{2}\pi+n\cdot 2\pi) = 1 \neq 0$

$\Rightarrow$ Pol ohne Vorzeichenwechsel

$\lim_{x \to 3\pi/2+n\cdot 2\pi} f(x) = \infty$

b)

Symmetrie

$f(-x) = \dfrac{1+\cos(-x)}{(\cos(-x))^2} = \dfrac{1+\cos x}{\cos^2 x} = f(x)$ für alle $x \in D(f)$, d.h. der Graph von f ist achsensymmetrisch bezüglich der y-Achse.

Nullstellen

$f(x) = 0 \iff 1+\cos x = 0 \iff \cos x = -1 \iff x = \pi+n\cdot 2\pi$

Extrema

$f'(x) = \dfrac{-\sin x \cos^2 x - 2\cos x(-\sin x)(1+\cos x)}{\cos^4 x}$

$$f'(x) = \frac{-\sin x \cos x + 2\sin x(1+\cos x)}{\cos^3 x} = \frac{\sin x(2+\cos x)}{\cos^3 x}$$

$$f'(x) = 0 \iff \sin x = 0 \iff x = 0+n\cdot 2\pi \ \lor \ x = \pi+n\cdot 2\pi$$

$$f''(x) = \frac{[\cos x(2+\cos x)-\sin^2 x]\cos^3 x - 3\cos^2 x(-\sin x)\sin x(2+\cos x)}{\cos^6 x}$$

$$f''(x) = \frac{(2\cos x+\cos^2 x-\sin^2 x)\cos x+3\sin^2 x(2+\cos x)}{\cos^4 x}$$

$$= \frac{(2\cos x+2\cos^2 x-1)\cos x+(3-3\cos^2 x)(2+\cos x)}{\cos^4 x}$$

$$= \frac{2\cos^2 x+2\cos^3 x-\cos x+6+3\cos x-6\cos^2 x-3\cos^3 x}{\cos^4 x}$$

$$= \frac{-\cos^3 x-4\cos^2 x+2\cos x+6}{\cos^4 x}$$

$f'(0+n\cdot 2\pi) = 0 \ \land \ f''(0+n\cdot 2\pi) = 3>0 \Rightarrow \text{Min}(0+n\cdot 2\pi \mid 2)$

$f'(\pi+n\cdot 2\pi) = 0 \ \land \ f''(\pi+n\cdot 2\pi) = 1>0 \Rightarrow \text{Min}(\pi+n\cdot 2\pi \mid 0)$

c)

x	$-\pi/3$	$-\pi/6$	0	$\pi/6$	$\pi/3$	$2\pi/3$	$5\pi/6$	π	$7\pi/6$	$4\pi/3$
$f(x)\approx$	6	2,5	2	2,5	6	2	0,2	0	0,2	2

d)
$$F: x \to \ln\left|\tan\left(\frac{x}{2}+\frac{\pi}{4}\right)\right| + \tan x$$

$$F'(x) = \frac{1}{\tan\left(\frac{x}{2}+\frac{\pi}{4}\right)} \cdot \frac{1}{\cos^2\left(\frac{x}{2}+\frac{\pi}{4}\right)} \cdot \frac{1}{2} + \frac{1}{\cos^2 x}$$

$$= \frac{\cos\left(\frac{x}{2}+\frac{\pi}{4}\right)}{2 \cdot \sin\left(\frac{x}{2}+\frac{\pi}{4}\right) \cdot \cos^2\left(\frac{x}{2}+\frac{\pi}{4}\right)} + \frac{1}{\cos^2 x}$$

$$= \frac{1}{2 \cdot \sin\left(\frac{x}{2}+\frac{\pi}{4}\right) \cdot \cos\left(\frac{x}{2}+\frac{\pi}{4}\right)} + \frac{1}{\cos^2 x}$$

$$= \frac{1}{\sin(x+0{,}5\pi)} + \frac{1}{\cos^2 x} = \frac{1}{\cos x} + \frac{1}{\cos^2 x} = \frac{1+\cos x}{\cos^2 x}$$

e)
$$A = \int_0^{\pi/3} \frac{1+\cos x}{\cos^2 x} dx = \left. \ln\left|\tan\left(\frac{x}{2}+\frac{\pi}{4}\right)\right| + \tan x \right|_0^{\pi/3}$$

$$= \ln\left|\tan\frac{5}{12}\pi\right| + \tan\frac{\pi}{3} - \ln\left|\tan\frac{\pi}{4}\right|$$

$$= \ln\left|\tan\frac{5}{12}\pi\right| + \sqrt{3} \approx 3{,}05$$

Trigonometrische Funktion
Funktionsuntersuchung, Flächenberechnung

Gegeben ist die Funktion $f: x \to \dfrac{(\sin x - 1)^2}{\sin x}$.

a) Bestimme die Definitionsmenge D(f) und die Art der Definitionslücken!

b) Untersuche f auf Nullstellen und Extrema!

c) Weise nach, daß der Graph von f punktsymmetrisch zum Punkt S(0|-2) ist!

d) Zeichne den Graphen von f!

e) Zeige, daß die Funktion $F: x \to -\cos x - 2x + \ln|\tan\dfrac{x}{2}|$ eine Stammfunktion von f ist!

f) Berechne die Maßzahl der Fläche, die der Graph von f mit der x-Achse und der Geraden mit der Gleichung $x = \dfrac{\pi}{6}$ begrenzt!

Lösung:
a)
$$D(f) = \{x \in \mathbb{R} \mid \sin x \neq 0\}$$

$\sin x = 0 \iff x = 0 + n \cdot 2\pi \lor x = \pi + n \cdot 2\pi \quad (n \in \mathbb{Z})$

$N(0+n\cdot 2\pi)=0 \land Z(0+n\cdot 2\pi)=1\neq 0 \Rightarrow$ Pol mit Vorzeichenwechsel

$\text{r-lim}_{x \to 0+n\cdot 2\pi} f(x) = \infty \quad ; \quad \text{l-lim}_{x \to 0+n\cdot 2\pi} f(x) = -\infty$

$N(\pi+n\cdot 2\pi)=0 \land Z(\pi+n\cdot 2\pi)=1\neq 0 \Rightarrow$ Pol mit Vorzeichenwechsel

$\text{r-lim}_{x \to \pi+n\cdot 2\pi} f(x) = -\infty \quad ; \quad \text{l-lim}_{x \to \pi+n\cdot 2\pi} f(x) = \infty$

b)
Nullstellen

$f(x) = 0 \iff (\sin x - 1)^2 = 0 \iff \sin x = 1 \iff x = \dfrac{\pi}{2} + n\cdot 2\pi$

Extrema

$f'(x) = \dfrac{2(\sin x - 1)\cos x \sin x - (\sin x - 1)^2 \cos x}{\sin^2 x}$

$ = \dfrac{\cos x(\sin x - 1)[2\sin x - (\sin x - 1)]}{\sin^2 x}$

$ = \dfrac{\cos x(\sin x - 1)(\sin x + 1)}{\sin^2 x}$

$f'(x) = 0 \iff \cos x(\sin x - 1)(\sin x + 1) = 0$

$\iff \cos x = 0 \lor \sin x = 1 \lor \sin x = -1$

$$\Leftrightarrow x = \frac{\pi}{2}+n\cdot 2\pi \ \lor \ x = \frac{3}{2}\pi+n\cdot 2\pi$$

$$\left.\begin{array}{l}x\epsilon U_l(\frac{\pi}{2}+n\cdot 2\pi) \ \Rightarrow \ f'(x)<0 \\ \\ x\epsilon U_r(\frac{\pi}{2}+n\cdot 2\pi) \ \Rightarrow \ f'(x)>0\end{array}\right\} \Rightarrow \text{Min}(\frac{\pi}{2}+n\cdot 2\pi\,|\,0)$$

$$\left.\begin{array}{l}x\epsilon U_l(\frac{3}{2}\pi+n\cdot 2\pi) \ \Rightarrow \ f'(x)>0 \\ \\ x\epsilon U_r(\frac{3}{2}\pi+n\cdot 2\pi) \ \Rightarrow \ f'(x)<0\end{array}\right\} \Rightarrow \text{Max}(\frac{3}{2}\pi+n\cdot 2\pi\,|\,-4)$$

c) Es ist zu zeigen, daß für alle $x\epsilon D(f)$ gilt: $f(-x)+f(x) = -4$.

$$f(-x)+f(x) = \frac{[\sin(-x)-1]^2}{\sin(-x)} + \frac{(\sin x-1)^2}{\sin x} = \frac{(-\sin x-1)^2}{-\sin x} + \frac{(\sin x-1)^2}{\sin x}$$

$$= \frac{-\sin^2 x-2\sin x-1+\sin^2 x-2\sin x+1}{\sin x} = \frac{-4\sin x}{\sin x} = -4$$

für alle $x\epsilon D(f)$, d.h. der Graph von f ist punktsymmetrisch zum Punkt $S(0\,|\,-2)$.

d)

x	$\pi/6$	$\pi/3$	$\pi/2$	$2\pi/3$	$5\pi/6$	$7\pi/6$	$4\pi/3$	$3\pi/2$	$5\pi/3$	$11\pi/6$
$f(x)\approx$	0,5	0,02	0	0,02	0,5	-4,5	-4,02	-4	-4,02	-4,5

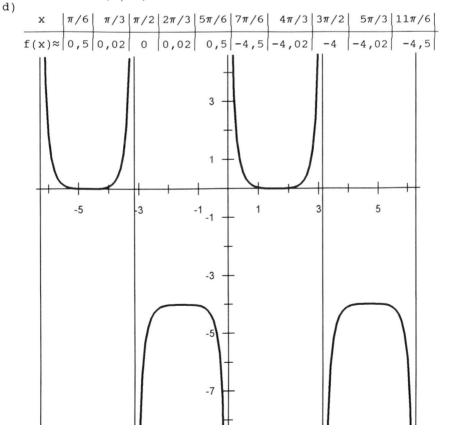

e)
$$F: x \to -\cos x - 2x + \ln\left|\tan\frac{x}{2}\right|$$

$$F'(x) = \sin x - 2 + \frac{1}{\tan\frac{x}{2}} \cdot \frac{1}{\cos^2\frac{x}{2}} \cdot \frac{1}{2}$$

$$= \sin x - 2 + \frac{\cos\frac{x}{2}}{\sin\frac{x}{2}} \cdot \frac{1}{\cos^2\frac{x}{2}} \cdot \frac{1}{2}$$

$$= \sin x - 2 + \frac{1}{2\sin\frac{x}{2}\cos\frac{x}{2}}$$

Wegen $2\sin\frac{x}{2}\cos\frac{x}{2} = \sin 2 \cdot \frac{x}{2} = \sin x$ folgt

$$F'(x) = \sin x - 2 + \frac{1}{\sin x}$$

$$= \frac{\sin^2 x - 2\sin x + 1}{\sin x} = \frac{(\sin x - 1)^2}{\sin x} = f(x)$$

f)
$$A = \int_{\pi/6}^{\pi/2} \frac{(\sin x - 1)^2}{\sin x} dx = \left. -\cos x - 2x + \ln\left|\tan\frac{x}{2}\right| \right|_{\pi/6}^{\pi/2}$$

$$= -\cos\frac{\pi}{2} - \pi + \ln\left|\tan\frac{\pi}{4}\right| - \left(-\cos\frac{\pi}{6} - \frac{\pi}{3} + \ln\left|\tan\frac{\pi}{12}\right|\right)$$

$$= -\frac{2}{3}\pi + \frac{1}{2}\sqrt{3} - \ln\left|\tan\frac{\pi}{12}\right|$$

> Logarithmusfunktion
> Funktionsuntersuchung, Umkehrfunktion, Flächenberechnung

Gegeben ist die Funktion $f: x \to \ln(2-\sqrt{x+4})$.

a) Bestimme die Definitionsmenge D(f) und untersuche das Verhalten von f(x), wenn x gegen die Grenzen des Definitionsbereiches strebt!

b) Untersuche f auf Nullstellen, Extrema und Wendestellen!

c) Zeichne den Graphen von f!

d) Begründe, daß f umkehrbar ist und ermittle f^{-1}!

e) Berechne die Maßzahl der Fläche, die von dem Graphen von f, der x-Achse und der Geraden $g: x = -4$ begrenzt wird!

Lösung:

a)
$$D(f) = \{x \in \mathbb{R} \mid 2-\sqrt{x+4} > 0 \wedge x+4 \geq 0\}$$

$2-\sqrt{x+4} > 0 \wedge x+4 \geq 0 \iff 2 > \sqrt{x+4} \wedge x \geq -4 \iff x < 0 \wedge x \geq -4$

$\iff -4 \leq x < 0$

$D(f) = [-4; 0[\qquad \text{l-lim}_{x \to 0} f(x) = -\infty$

b)
Nullstellen

$f(x) = 0 \iff 2-\sqrt{x+4} = 1 \iff \sqrt{x+4} = 1 \iff x+4 = 1 \iff x = -3$

Extrema

$$f'(x) = \frac{1}{2-(x+4)^{0,5}} \cdot \frac{-1}{2(x+4)^{0,5}} = \frac{-1}{4(x+4)^{0,5}-2(x+4)}$$

$f'(x) < 0$ für alle $x \in]-4; 0[$, d.h. die Funktion f ist streng monoton fallend.

Wendestellen

$$f''(x) = \frac{4 \cdot 0,5(x+4)^{-0,5} - 2}{[4(x+4)^{0,5} - 2(x+4)]^2}$$

$$= \frac{2[1 - (x+4)^{0,5}]}{(x+4)^{0,5}[4(x+4)^{0,5} - 2(x+4)]^2}$$

$f''(x) = 0 \iff 1 - \sqrt{x+4} = 0 \iff 1 = \sqrt{x+4} \iff x = -3$

$\left. \begin{array}{l} -4 < x < -3 \Rightarrow f''(x) > 0 \\ -3 < x < 0 \Rightarrow f''(x) < 0 \end{array} \right\} \Rightarrow \text{WP}(-3 \mid 0)$

c)

x	-4	-3,5	-3	-2	-1	-0,5	-0,25
f(x)≈	0,7	0,3	0	-0,5	-1,3	-2,0	-2,8

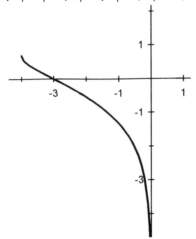

d)
Da $f'(x)<0$ ist für alle $x \in]-4;0[$, ist die Funktion f streng monoton fallend und daher umkehrbar.

$f: [-4;0[\to]-\infty; \ln 2]$

$\quad x \to \ln(2-\sqrt{x+4})$

$y = \ln(2-\sqrt{y+4})$ \quad Vertauschen der Variablen ergibt

$x = \ln(2-\sqrt{y+4}) \iff e^x = 2-\sqrt{y+4} \iff \sqrt{y+4} = 2-e^x$

$\iff y+4 = 4-4e^x+e^{2x} \iff y = e^{2x}-4e^x$

$f^{-1}:]-\infty; \ln 2] \to [-4;0[$

$\quad x \to e^{2x}-4e^x$

e)
$$A = \int_{-4}^{-3} \ln(2-\sqrt{x+4})\,dx$$

Substitution

$t = g^{-1}(x) = 2-\sqrt{x+4} \iff x = g(t) = t^2-4t \; ; \; g'(t) = 2t-4$

$dx = (2t-4)dt \; ; \; g^{-1}(-4) = 2 \; ; \; g^{-1}(-3) = 1$

$$A = \int_{2}^{1} (2t-4) \cdot \ln t \, dt$$

partielle Integration

$u(t) = \ln t$; $u'(t) = \dfrac{1}{t}$; $v'(t) = 2t-4$; $v(t) = t^2-4t$

$A = (t^2-4t)\cdot \ln t \Big|_2^1 - \displaystyle\int_2^1 \dfrac{t^2-4t}{t}\,dt$

$ = (t^2-4t)\cdot \ln t \Big|_2^1 - \displaystyle\int_2^1 (t-4)\,dt$

$ = (t^2-4t)\cdot \ln t - \dfrac{1}{2}t^2 + 4t \,\Big|_2^1$

$ = -3\ln 1 - \dfrac{1}{2} + 4 - (-4\ln 2 - 2 + 8)$

$ = 4\ln 2 - 2{,}5$

Logarithmusfunktion
Funktionsuntersuchung, Flächenberechnung

Gegeben ist die Funktion $f: x \to \frac{9}{7} \ln\left|\frac{2x-7}{x}\right| + \frac{1}{x}$.

a) Bestimme die Definitionsmenge D(f) und untersuche das Verhalten von f(x), wenn x gegen die Grenzen des Definiitonsbereiches strebt!

b) Untersuche f auf Extrema und Wendestellen!

c) Untersuche f mit Hilfe der bisherigen Ergebnisse auf Nullstellen!

d) Zeichne den Graphen von f!

e) Berechne die Maßzahl der Fläche unter dem Graphen von f im Intervall [1;2]!

Lösung:

a)
$$D(f) = \mathbb{R} \setminus \{0, \frac{7}{2}\}$$

$\text{r-lim}_{x \to 0} f(x) = \infty$; $\text{l-lim}_{x \to 0} f(x) = -\infty$

$\text{r-lim}_{x \to 3,5} f(x) = -\infty$; $\text{l-lim}_{x \to 3,5} f(x) = -\infty$

$\lim_{x \to \pm\infty} f(x) = \frac{9}{7}\ln 2 \approx 0,9$ Asymptotenfunktion $f_A : x \to \frac{9}{7}\ln 2$

b)
Extrema

$f(x) = \frac{9}{7}(\ln|2x-7| - \ln|x|) + \frac{1}{x}$

$f'(x) = \frac{9}{7}\left(\frac{2}{2x-7} - \frac{1}{x}\right) - \frac{1}{x^2} = \frac{9}{7}\frac{2x-(2x-7)}{x(2x-7)} - \frac{1}{x^2}$

$= \frac{9}{7}\frac{7}{x(2x-7)} - \frac{1}{x^2} = \frac{9}{x(2x-7)} - \frac{1}{x^2} = \frac{9x-(2x+7)}{x^2(2x-7)}$

$= \frac{7x+7}{x^2(2x-7)} = 7\frac{x+1}{x^2(2x-7)} = 7\frac{x+1}{2x^3-7x^2}$

$f'(x) = 0 \iff x+1 = 0 \iff x = -1$

$f''(x) = 7\frac{2x^3-7x^2 - (x+1)(6x^2-14x)}{(2x^3-7x^2)^2}$

$f''(x) = 7\frac{2x^3-7x^2-6x^3+14x^2-6x^2+14x}{(2x^3-7x^2)^2} = 7\frac{-4x^3+x^2+14x}{(2x^3-7x^2)^2}$

$f'(-1) = 0 \wedge f''(-1) < 0 \Rightarrow \text{Max}(-1|\approx 1,8)$

Wendestellen

$$f''(x) = 0 \iff -4x^3+x^2+14x = 0 \iff x(-4x^2+x+14) = 0$$

$$\iff x = 0 \ \lor \ -4x^2+x+14 = 0 \iff x^2-\frac{1}{4}x = \frac{7}{2}$$

$$\iff x^2-\frac{1}{4}x+(\frac{1}{8})^2 = \frac{7}{2}+(\frac{1}{8})^2 \iff (x-\frac{1}{8})^2 = \frac{225}{64}$$

$$\iff x-\frac{1}{8} = \frac{15}{8} \ \lor \ x-\frac{1}{8} = -\frac{15}{8} \iff x = 2 \ \lor \ x = -1,75$$

$$f''(x) = 7\frac{-4x(x-2)(x+1,75)}{(2x^3-7x^2)^2}$$

$$\left.\begin{array}{l} x<-1,75 \implies f''(x)>0 \\ -1,75<x<0 \implies f''(x)<0 \end{array}\right\} \implies WP(-1,75|\approx 1,7)$$

$$\left.\begin{array}{l} 0<x<2 \implies f''(x)>0 \\ 2<x<3,5 \implies f''(x)<0 \end{array}\right\} \implies WP(2|\approx 1,0)$$

c) Nullstellen muß es wegen des Monotonieverhaltens und der unter a) bestimmten Grenzwerte jeweils genau eine in den Intervallen $]-\infty;0[$, $]0;3,5[$ und $]3,5;\infty[$ geben. Das läßt sich verbessern zu $]-1;0[$, $]2,5;3,5[$ und $]6;7[$, denn $f(-1)>0$ und $\text{l-lim}_{x\to 0} f(x) = -\infty$, $f(2,5)>0$ und $\text{l-lim}_{x\to 3,5} f(x) = -\infty$, $f(6)<0$ und $f(7)>0$.

d)

x	-5	-4	-3	-2	-1	-0,5	-0,125	1	3	4	5
$f(x)\approx$	1,4	1,45	1,6	1,7	1,8	1,6	-2,8	3,1	-1,1	-1,5	-0,5

x	6	7	8	9
$f(x)\approx$	-0,1	0,1	0,3	0,4

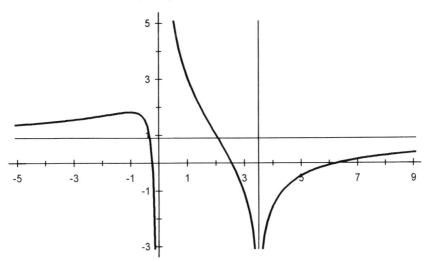

e)

$$A = \int_1^2 \left(\frac{9}{7}\ln\left|\frac{2x-7}{x}\right| + \frac{1}{x}\right)dx = \frac{9}{7}\int_1^2 \ln\left|\frac{2x-7}{x}\right|dx + \ln|x|\Big|_1^2$$

partielle Integration

$$u(x) = \ln\left|\frac{2x-7}{x}\right| = \ln|2x-7| - \ln|x| \; ;$$

$$u'(x) = \frac{2}{2x-7} - \frac{1}{x} = \frac{2x-(2x-7)}{x(2x-7)} = \frac{7}{x(2x-7)}$$

$$v'(x) = 1 \; ; \; v(x) = x$$

$$A = \frac{9}{7}x\cdot\ln\left|\frac{2x-7}{x}\right|\Big|_1^2 - \frac{9}{7}\int_1^2 \frac{7}{2x-7}dx + \ln|x|\Big|_1^2$$

$$= \frac{9}{7}(2\ln 1,5 - \ln 5) + \ln 2 - \frac{9}{2}\int_1^2 \frac{2}{2x-7}dx$$

Substitution

$t = g(x) = 2x-7 \; ; \; g'(x) = 2 \; ; \; dt = 2dx \; ;$

$g(1) = -5 \; ; \; g(2) = -3$

$$A = \frac{9}{7}\ln 0,45 + \ln 2 - 4,5\int_{-5}^{-3}\frac{1}{t}dt$$

$$= \frac{9}{7}\ln 0,45 + \ln 2 - 4,5\ln|t|\Big|_{-5}^{-3}$$

$$= \frac{9}{7}\ln 0,45 + \ln 2 - 4,5(\ln 3 - \ln 5)$$

$$= \frac{9}{7}\ln 0,45 + \ln 2 - 4,5\ln 0,6$$

Logarithmusfunktion
Funktionsuntersuchung, Flächenberechnung

Gegeben ist die Funktion $f: x \to \ln[(x-1)^2(x+1)]$.

a) Bestimme die Definitionsmenge D(f) und untersuche das Verhalten von f(x), wenn x gegen die Grenzen des Definitionsbereiches strebt!

b) Untersuche f auf Nullstellen, Extrema und Wendestellen!

c) Zeichne den Graphen von f!

e) Berechne die Maßzahl der Fläche unter dem Graphen von f im Intervall [2;4]!

Lösung:

a)

$D(f) = \{x \in \mathbb{R} \mid x \neq 1 \land x > -1\} =]-1; \infty[\setminus \{1\}$

$\text{r-lim}_{x \to -1} f(x) = -\infty$; $\lim_{x \to \infty} f(x) = \infty$; $\lim_{x \to 1} f(x) = -\infty$

b)

Nullstellen

$f(x) = 0 \iff (x-1)^2(x+1) = 1 \iff x^3-x^2-x = 0$

$x(x^2-x-1) = 0 \iff x = 0 \lor x^2-x+(\frac{1}{2})^2 = 1+(\frac{1}{2})^2$

$\iff x = 0 \lor (x-\frac{1}{2})^2 = \frac{5}{4}$

$\iff x = 0 \lor x = \frac{1}{2} + \frac{1}{2}\sqrt{5} \lor x = \frac{1}{2} - \frac{1}{2}\sqrt{5}$

$\iff x = 0 \lor x = \frac{1}{2}(1+\sqrt{5}) \lor x = \frac{1}{2}(1-\sqrt{5})$

Extrema

$f(x) = 2\ln|x-1| + \ln(x+1)$

$f'(x) = \frac{2}{x-1} + \frac{1}{x+1} = \frac{2(x+1)+x-1}{(x-1)(x+1)} = \frac{3x+1}{x^2-1}$

$f'(x) = 0 \iff 3x+1 = 0 \iff x = -\frac{1}{3}$

$f''(x) = \frac{3(x^2-1)-2x(3x+1)}{(x^2-1)^2} = \frac{-3x^2-2x-3}{(x^2-1)^2}$

$f'(-\frac{1}{3}) = 0 \land f''(-\frac{1}{3})<0 \Rightarrow \text{Max}(-\frac{1}{3} \mid \ln\frac{32}{27})$

Wendestellen

$f''(x) = 0 \iff -3x^2-2x-3 = 0 \iff x^2+\frac{2}{3}x+(\frac{1}{3})^2 = -1+(\frac{1}{3})^2$

$\Leftrightarrow (x+\frac{1}{3})^2 = -\frac{8}{9}$ (nicht erfüllbar)

f besitzt keine Wendestellen.

c)

x	-0,75	≈-0,6	-0,5	0	0,5	0,75	1,25	1,5	2	3	4
f(x)≈	-0,3	0	0,1	0	-1,0	-2,2	-2,0	-0,5	1,1	2,8	3,8

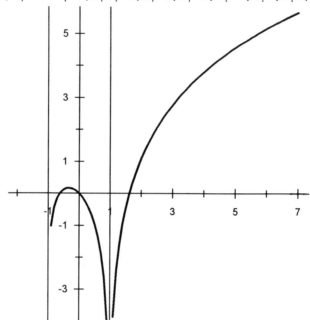

d)
$$A = \int_{2}^{4} \ln[(x-1)^2(x+1)]dx = 2\int_{2}^{4} \ln(x-1)dx + \int_{2}^{4} \ln(x+1)dx$$

$$I_1 = 2\int_{2}^{4} \ln(x-1)dx$$

partielle Integration

$u_1(x) = \ln(x-1)$; $u_1'(x) = \frac{1}{x-1}$; $v_1'(x) = 1$; $v(x) = x$

$$I_1 = 2[x \cdot \ln(x-1)|_{2}^{4} - \int_{2}^{4} \frac{(x-1)+1}{x-1}dx]$$

$$= 2[x \cdot \ln(x-1)|_{2}^{4} - \int_{2}^{4} (1 + \frac{1}{x-1})dx$$

$$I_1 = 2[x\cdot \ln(x-1) - x - \ln(x-1)]\Big|_2^4 = 2[(x-1)\ln(x-1) - x]\Big|_2^4$$

$$= 2[3\ln 3 - 4 - (-2)] = 2(3\ln 3 - 2) = 6\ln 3 - 4$$

$$I_2 = \int_2^4 \ln(x+1)\, dx$$

$$u_2(x) = \ln(x+1)\ ;\ u_2'(x) = \frac{1}{x+1}\ ;\ v_2'(x) = 1\ ;\ v_2(x) = x$$

$$I_2 = x\cdot \ln(x+1)\Big|_2^4 - \int_2^4 \frac{(x+1)-1}{x+1} dx$$

$$= x\cdot \ln(x+1)\Big|_2^4 - \int_2^4 \left(1 - \frac{1}{x+1}\right) dx$$

$$= x\cdot \ln(x+1) - x + \ln(x+1)\Big|_2^4 = (x+1)\ln(x+1) - x\Big|_2^4$$

$$= 5\ln 5 - 4 - (3\ln 3 - 2) = 5\ln 5 - 3\ln 3 - 2$$

$$A = I_1 + I_2 = 6\ln 3 - 4 + 5\ln 5 - 3\ln 3 - 2$$

$$= 3\ln 3 + 5\ln 5 - 6$$

Logarithmusfunktion
Funktionsuntersuchung, Flächenberechnung

Gegeben ist die Funktion $f: x \to 12\ln\dfrac{x+2}{3\sqrt{x}}$.

a) Bestimme die Definitionsmenge D(f) und untersuche das Verhalten von f(x), wenn x gegen die Grenzen des Definitionsbereiches strebt!

b) Untersuche f auf Nullstellen, Extrema und Wendestellen!

c) Zeichne den Graphen von f!

d) Die Tangenten in den Schnittpunkten mit der x-Achse begrenzen mit dem Graphen von f eine Flächenstück. Berechne seine Flächenmaßzahl!

Lösung:
a)
$$D(f) = \{x \in \mathbb{R} \mid x+2>0 \wedge x>0\} =]0;\infty[$$

$$\text{r-}\lim_{x \to 0} f(x) = \infty \ ; \ \lim_{x \to \infty} f(x) = \infty$$

b)
Nullstellen

$$f(x) = 0 \Leftrightarrow \dfrac{x+2}{3\sqrt{x}} = 1 \Leftrightarrow (x+2)^2 = 9x \Leftrightarrow x^2-5x+4 = 0$$

$$\Leftrightarrow x^2-5x+\left(\dfrac{5}{2}\right)^2 = -4+\left(\dfrac{5}{2}\right)^2 \Leftrightarrow \left(x - \dfrac{5}{2}\right)^2 = \dfrac{9}{4}$$

$$\Leftrightarrow x - \dfrac{5}{2} = \dfrac{3}{2} \vee x - \dfrac{5}{2} = -\dfrac{3}{2} \Leftrightarrow x = 4 \vee x = 1$$

Extrema

$$f(x) = 12[\ln(x+2) - \ln(3\sqrt{x})]$$

$$f'(x) = 12\left(\dfrac{1}{x+2} - \dfrac{1}{3\sqrt{x}} \cdot \dfrac{3}{2\sqrt{x}}\right) = 12\left(\dfrac{1}{x+2} - \dfrac{1}{2x}\right) = 12\dfrac{2x-(x+2)}{2x(x+2)}$$

$$= 6\dfrac{x-2}{x(x+2)} = 6\dfrac{x-2}{x^2+2x}$$

$$f'(x) = 0 \Leftrightarrow x-2 = 0 \Leftrightarrow x = 2$$

$$f''(x) = 6\dfrac{x^2+2x-(x-2)(2x+2)}{(x^2+2x)^2} = 6\dfrac{-x^2+4x+4}{(x^2+2x)^2}$$

$$f'(2) = 0 \wedge f''(2)>0 \Rightarrow \text{Min}\left(2 \left| 12\ln\dfrac{4}{3\sqrt{2}}\right.\right)$$

Wendestellen

$$f''(x) = 0 \Leftrightarrow -x^2+4x+4 = 0 \Leftrightarrow x^2-4x+4 = 8 \Leftrightarrow (x-2)^2 = 8$$

$$\Leftrightarrow x = 2+2\sqrt{2} \vee x = 2-2\sqrt{2} \Leftrightarrow x = 2+2\sqrt{2}$$

$0 < x < 2+2\sqrt{2} \Rightarrow f''(x) > 0$
$x > 2+2\sqrt{2} \Rightarrow f''(x) < 0$
$\Rightarrow WP(2+2\sqrt{2} | \approx 0,4)$

c)

x	0,25	0,5	1	2	3	4	5	6	8	10
$f(x) \approx$	4,9	2,0	0	-0,7	-0,5	0	0,5	1,0	2,0	2,8

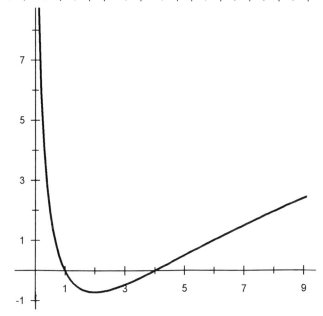

d)
Die zu den Tangenten in den Punkten $P_1(1|0)$ und $P_2(4|0)$ gehörenden Tangentenfunktionen sind

$t_1: x \rightarrow f'(1)(x-1)+f(1)$ mit $f'(1) = -2$

$t_1(x) = -2(x-1) = -2x+2$

$t_2: x \rightarrow f'(4)(x-4)+f(4)$ mit $f'(4) = \frac{1}{2}$

$t_2(x) = \frac{1}{2}(x-4) = \frac{1}{2}x - 2$

$t_1(x) = t_2(x) \Leftrightarrow -2x+2 = \frac{1}{2}x - 2 \Leftrightarrow -4x+4 = x-4$

$\Leftrightarrow 5x = 8 \Leftrightarrow x = \frac{8}{5}$

Schnittpunkt der Tangenten $S(\frac{8}{5} | -\frac{6}{5})$

Der Flächeninhalt des Dreiecks $P_1 P_2 S$ beträgt

$A_1 = \frac{1}{2} \cdot 3 \cdot \frac{6}{5} = \frac{9}{5} = 1,8$

Die Maßzahl der gesuchten Fläche beträgt

$$A = A_1 - \left|\int_1^4 f(x)dx\right| = A_1 + \int_1^4 f(x)dx$$

$$I = \int_1^4 12\ln\frac{x+2}{3\sqrt{x}}dx$$

partielle Integration

$$u(x) = 12\ln\frac{x+2}{3\sqrt{x}} \;;\; u'(x) = 6\,\frac{x-2}{x(x+2)} \;;$$
$$v'(x) = 1 \;;\; v(x) = x$$

$$I = 12x\cdot\ln\frac{x+2}{3\sqrt{x}}\Big|_1^4 - 6\left[\int_1^4 \frac{x-2}{x+2}dx\right]$$

$$I = 12x\cdot\ln\frac{x+2}{3\sqrt{x}}\Big|_1^4 - 6\int_1^4 \left(1 - \frac{4}{x+2}\right)dx$$

$$= 12x\cdot\ln\frac{x+2}{3\sqrt{x}} - 6x + 24\ln(x+2)\Big|_1^4$$

$$= 48\ln 1 - 24 + 24\ln 6 - (12\ln 1 - 6 + 24\ln 3)$$

$$= 24\ln 6 - 24\ln 3 - 18 = 24\ln 2 - 18$$

$$A = A_1 + I = 1,8 + 24\ln 2 - 18 = 24\ln 2 - 16,2$$

Exponentialfunktion
Funktionsuntersuchung, Flächenberechnung

Gegeben ist die Funktion $f: x \rightarrow \dfrac{2e^{2x}-e^x}{(e^x-1)^2}$.

a) Bestimme die Definitionsmenge D(f) und untersuche das Verhalten von f(x), wenn x gegen die Grenzen des Definitionsbereiches strebt!

b) Untersuche f auf Nullstellen, Extrema und Wendestellen!

c) Zeichne den Graphen von f!

d) Berechne die Maßzahl der Fläche, die zwischen dem Graphen von f und der x-Achse liegt!

Lösung:

a)
$D(f) = \{x \in \mathbb{R} \mid e^x-1 \neq 0\}$ $e^x-1 = 0 \Leftrightarrow e^x = 1 \Leftrightarrow x = 0$

$D(f) = \mathbb{R}\setminus\{0\}$; $\lim\limits_{x \to 0} f(x) = \infty$

$\lim\limits_{x \to \infty} f(x) = 2$; $\lim\limits_{x \to -\infty} f(x) = 0$

b)

Nullstellen

$f(x) = 0 \Leftrightarrow 2e^{2x}-e^x = 0 \Leftrightarrow 2e^x-1 = 0 \Leftrightarrow x = \ln\dfrac{1}{2}$

$\Leftrightarrow x = -\ln 2$

Extrema

$f'(x) = \dfrac{(4e^{2x}-e^x)(e^x-1)^2 - 2(e^x-1)e^x(2e^{2x}-e^x)}{(e^x-1)^4}$

$= \dfrac{4e^{3x}-4e^{2x}-e^{2x}+e^x-4e^{3x}+2e^{2x}}{(e^x-1)^3} = \dfrac{-3e^{2x}+e^x}{(e^x-1)^3}$

$= \dfrac{-e^x(3e^x-1)}{(e^x-1)^3}$

$f'(x) = 0 \Leftrightarrow 3e^x-1 = 0 \Leftrightarrow x = \ln\dfrac{1}{3} \Leftrightarrow x = -\ln 3$

$f''(x) = \dfrac{(-6e^{2x}+e^x)(e^x-1)^3 - 3(e^x-1)^2 e^x(-3e^{2x}+e^x)}{(e^x-1)^6}$

$= \dfrac{(-6e^{2x}+e^x)(e^x-1) - 3e^x(-3e^{2x}+e^x)}{(e^x-1)^4}$

$$f''(x) = \frac{-6e^{3x}+6e^{2x}+e^{2x}-e^{x}+9e^{3x}-3e^{2x}}{(e^{x}-1)^{4}} = \frac{3e^{3x}+4e^{2x}-e^{x}}{(e^{x}-1)^{4}}$$

$$= \frac{e^{x}(3e^{2x}+4e^{x}-1)}{(e^{x}-1)^{4}}$$

$f'(-\ln 3) = 0 \land f''(-\ln 3) > 0 \Rightarrow \text{Min}(-\ln 3 \mid -\frac{1}{4})$

Wendestellen

$f''(x) = 0 \iff 3e^{2x}+4e^{x}-1 = 0 \iff e^{2x}+\frac{4}{3}e^{x}-\frac{1}{3} = 0$

$\iff e^{2x}+\frac{4}{3}e^{x}+(\frac{2}{3})^2 = \frac{1}{3}+(\frac{2}{3})^2 \iff (e^{x}+\frac{2}{3})^2 = \frac{7}{9}$

$\iff e^{x} = \frac{1}{3}(-2+\sqrt{7}) \lor e^{x} = \frac{1}{3}(-2-\sqrt{7})$

$\iff e^{x} = \frac{-2+\sqrt{7}}{3} \iff x = \ln\frac{-2+\sqrt{7}}{3}$

$\left.\begin{array}{l} x < \ln\frac{-2+\sqrt{7}}{3} \Rightarrow f''(x) < 0 \\ \ln\frac{-2+\sqrt{7}}{3} < x < 0 \Rightarrow f''(x) > 0 \end{array}\right\} \Rightarrow \text{WP}(\ln\frac{-2+\sqrt{7}}{3} \mid \approx -0{,}20)$

c)

x	-3	-2	-ln3	-1	-ln2	-0,5	0,5	1	2	3	4
f(x)≈	-0,05	-0,13	-0,25	-0,24	0	0,8	9,0	4,1	2,5	2,2	2,1

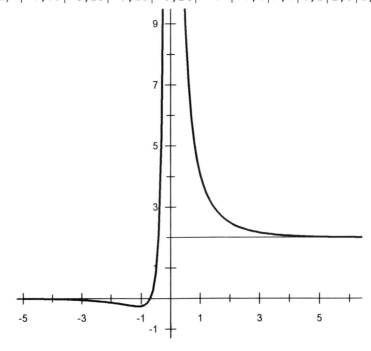

d)
$$I(z) = \int_{z}^{-\ln 2} \frac{2e^{2x}-e^x}{(e^x-1)^2}\,dx$$

Substitution

$$t = g^{-1}(x) = e^x-1 \iff x = g(t) = \ln(t+1)\;;\; g'(t) = \frac{1}{t+1}$$

$$g^{-1}(-\ln 2) = -0{,}5\;;\; g^{-1}(z) = e^z-1\;;\; dx = \frac{1}{t+1}\,dt$$

$$I(z) = \int_{e^z-1}^{-0,5} \frac{2(t+1)^2-(t+1)}{t^2} \cdot \frac{1}{t+1}\,dt = \int_{e^z-1}^{-0,5} \frac{2t+1}{t^2}\,dt$$

$$= \int_{e^z-1}^{-0,5} \left(\frac{2}{t}+\frac{1}{t^2}\right)dt = 2\ln|t| - \frac{1}{t}\bigg|_{e^z-1}^{-0,5}$$

$$= 2\ln\frac{1}{2} + 2 - \left(2\ln|e^z-1| - \frac{1}{e^z-1}\right)$$

Wegen $\lim\limits_{z \to -\infty} \ln|e^z-1| = \ln 1 = 0$ und $\lim\limits_{z \to -\infty} \frac{1}{e^z-1} = -1$ ist

$$I = \lim_{z \to -\infty} I(z) = 2\ln\frac{1}{2} + 2 - 1 = 1-2\ln 2$$

$$A = |I| = 2\ln 2 - 1$$

> Exponentialfunktion
> Funktionsuntersuchung, Flächenberechnung

Gegeben ist die Funktion $f: x \to \dfrac{e^{2x}-8e^x}{e^x+1}$.

a) Bestimme die Definitionsmenge D(f) und untersuche das Verhalten von f(x), wenn x gegen die Grenzen des Definitionsbereiches strebt!

b) Untersuche f auf Nullstellen und Extrema!

c) Zeichne den Graphen von f!

d) Berechne die Maßzahl der Fläche, die zwischen dem Graphen von f und der x-Achse liegt!

Lösung:

a)
$$D(f) = \mathbb{R} \quad ; \quad \lim_{x \to \infty} f(x) = \infty \quad ; \quad \lim_{x \to -\infty} f(x) = 0$$

b)

Nullstellen

$f(x) = 0 \iff e^{2x}-8e^x = 0 \iff e^x-8 = 0 \iff e^x = 8 \iff x = \ln 8$

Extrema

$$f'(x) = \frac{(2e^{2x}-8e^x)(e^x+1)-(e^{2x}-8e^x)e^x}{(e^x+1)^2}$$

$$= \frac{2e^{3x}+2e^{2x}-8e^{2x}-8e^x-e^{3x}+8e^{2x}}{(e^x+1)^2}$$

$$= \frac{e^{3x}+2e^{2x}-8e^x}{(e^x+1)^2} = \frac{e^x(e^{2x}+2e^x-8)}{(e^x+1)^2}$$

$f'(x) = 0 \iff e^{2x}+2e^x-8 = 0 \iff (e^x+1)^2 = 9$

$\iff e^x+1 = 3 \ \vee \ e^x+1 = -3 \iff e^x = 2 \iff x = \ln 2$

$$f''(x) = \frac{(3e^{3x}+4e^{2x}-8e^x)(e^x+1)^2 - 2(e^x+1)e^x(e^{3x}+2e^{2x}-8e^x)}{(e^x+1)^4}$$

$$= \frac{(3e^{3x}+4e^{2x}-8e^x)(e^x+1) - 2e^x(e^{3x}+2e^{2x}-8e^x)}{(e^x+1)^3}$$

$$= \frac{e^{4x}+3e^{3x}+12e^{2x}-8e^x}{(e^x+1)^3}$$

$f'(\ln 2) = 0 \ \wedge \ f''(\ln 2) > 0 \implies \text{Min}(\ln 2 \mid -4)$

c)

x	-4	-3	-2	-1	0	ln2	1	2	ln8	2,5	3
f(x)≈	-0,1	-0,4	-0,9	-2,1	-3,5	-4	-3,9	-0,5	0	3,9	11,5

d)
$$I(z) = \int_{z}^{\ln 8} \frac{e^{2x} - 8e^{x}}{e^{x} + 1} \, dx$$

Substitution

$t = g^{-1}(x) = e^{x} + 1 \iff x = g(t) = \ln(t-1)$; $g'(t) = \frac{1}{t-1}$

$dx = \frac{1}{t-1} dt$; $g^{-1}(z) = e^{z} + 1$; $g^{-1}(\ln 8) = 9$

$$I(z) = \int_{e^{z}+1}^{9} \frac{(t-1)^{2} - 8(t-1)}{t} \cdot \frac{1}{t-1} \, dt = \int_{e^{z}+1}^{9} \frac{t-9}{t} \, dt = \int_{e^{z}+1}^{9} \left(1 - \frac{9}{t}\right) dt$$

$$= t - 9\ln t \, \Big|_{e^{z}+1}^{9} = 9 - 9\ln 9 - [e^{z} + 1 - 9\ln(e^{z}+1)]$$

$A = \left| \lim_{z \to -\infty} I(z) \right| = |9 - 9\ln 9 - 1| = |8 - 9\ln 9| = 9\ln 9 - 8$

Exponentialfunktion
Funktionsuntersuchung, Flächenberechnung

Gegeben ist die Funktion $f: x \to 16 \dfrac{e^x-1}{(e^x+2)^2}$.

a) Bestimme die Definitionsmenge D(f) und untersuche das Verhalten von f(x), wenn x gegen die Grenzen des Definitionsbereiches strebt!

b) Untersuche f auf Nullstellen, Extrema und Wendestellen!

c) Zeichne den Graphen von f!

d) Berechne die Maßzahl der Fläche, die zwischen dem Graphen von f und der positiven x-Achse liegt!

Lösung:
a)
$D(f) = \mathbb{R}$; $\lim\limits_{x \to \infty} f(x) = 0$; $\lim\limits_{x \to -\infty} f(x) = -4$

b)

Nullstellen

$f(x) = 0 \iff e^x = 1 \iff x = \ln 1 \iff x = 0$

Extrema

$f'(x) = 16 \dfrac{e^x(e^x+2)^2 - 2(e^x+2)e^x(e^x-1)}{(e^x+2)^4}$

$= 16 \dfrac{e^x(e^x+2) - 2e^x(e^x-1)}{(e^x+2)^3}$

$= 16 \dfrac{e^{2x} + 2e^x - 2e^{2x} + 2e^x}{(e^x+2)^3}$

$= 16 \dfrac{4e^x - e^{2x}}{(e^x+2)^3} = 16 \dfrac{e^x(4-e^x)}{(e^x+2)^3}$

$f'(x) = 0 \iff 4 - e^x = 0 \iff e^x = 4 \iff x = \ln 4$

$f''(x) = 16 \dfrac{(4e^x - 2e^{2x})(e^x+2)^3 - 3(e^x+2)^2 e^x(4e^x - e^{2x})}{(e^x+2)^6}$

$= 16 \dfrac{(4e^x - 2e^{2x})(e^x+2) - 3e^x(4e^x - e^{2x})}{(e^x+2)^4}$

$= 16 \dfrac{4e^{2x} + 8e^x - 2e^{3x} - 4e^{2x} - 12e^{2x} + 3e^{3x}}{(e^x+2)^4}$

$$f''(x) = 16\,\frac{e^{3x}-12e^{2x}+8e^x}{(e^x+2)^4} = 16\,\frac{e^x(e^{2x}-12e^x+8)}{(e^x+2)^4}$$

$f'(\ln 4) = 0 \,\wedge\, f''(\ln 4) < 0 \Rightarrow \text{Max}(\ln 4\,|\,\tfrac{4}{3})$

Wendestellen

$f''(x) = 0 \Leftrightarrow e^{2x}-12e^x+8 = 0 \Leftrightarrow e^{2x}-12e^x+36 = -8+36$

$\Leftrightarrow (e^x-6)^2 = 28 \Leftrightarrow e^x = 6+2\sqrt{7} \,\vee\, e^x = 6-2\sqrt{7}$

$\Leftrightarrow x = \ln(6+2\sqrt{7}) \,\vee\, x = \ln(6-2\sqrt{7})$

$\left.\begin{array}{l} x<\ln(6-2\sqrt{7}) \Rightarrow f''(x)>0 \\ \ln(6-2\sqrt{7})<x<\ln(6+2\sqrt{7}) \Rightarrow f''(x)<0 \end{array}\right\} \Rightarrow \text{WP}(\ln(6-2\sqrt{7})\,|\approx -0{,}6)$

$\left.\begin{array}{l} \ln(6-2\sqrt{7})<x<\ln(6+2\sqrt{7}) \Rightarrow f''(x)<0 \\ x>\ln(6+2\sqrt{7}) \Rightarrow f''(x)>0 \end{array}\right\} \Rightarrow \text{WP}(\ln(6+2\sqrt{7})\,|\approx 0{,}9)$

c)

x	-5	-4	-3	-2	-1	0	1	2	3	4	5
f(x)≈	-3,95	-3,86	-3,6	-3,0	-1,8	0	1,2	1,2	0,6	0,3	0,1

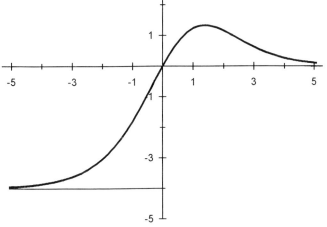

d)

$$A(z) = 16\int_0^z \frac{e^x-1}{(e^x+2)^2}\,dx$$

Substitution

$t = g^{-1}(x) = e^x \Leftrightarrow x = g(t) = \ln t \quad;\quad g'(t) = \dfrac{1}{t}$

$dx = \dfrac{1}{t}dt \quad;\quad g^{-1}(0) = 1 \quad;\quad g^{-1}(z) = e^z$

$$A(z) = \int_1^{e^z} \frac{16t-16}{(t+2)^2 t} \, dt$$

Teilbruchzerlegung

$$\frac{16t-16}{(t+2)^2 t} = \frac{B}{(t+2)^2} + \frac{C}{t+2} + \frac{D}{t}$$

$<=>$ $16t-16 = Bt+Ct(t+2)+D(t+2)^2$

$<=>$ $16t-16 = Bt+Ct^2+2Ct+Dt^2+4Dt+4D$

$<=>$ $16t-16 = (C+D)t^2+(B+2C+4D)t+4D$

Koeffizientenvergleich ergibt das lineare Gleichungssystem

$4D = -16 \wedge B+2C+4D = 16 \wedge C+D = 0$

$<=>$ $D = -4 \wedge C = 4 \wedge B = 24$

$$A(z) = \int_1^{e^z} \left[\frac{24}{(t+2)^2} + \frac{4}{t+2} - \frac{4}{t}\right] dt$$

$$= \left. \frac{-24}{t+2} + 4\ln(t+2) - 4\ln t \right|_1^{e^z}$$

$$= \left. \frac{-24}{t+2} + 4\ln\frac{t+2}{t} \right|_1^{e^z}$$

$$= \frac{-24}{e^z+2} + 4\ln\frac{e^z+2}{e^z} + 8 - 4\ln 3$$

Wegen $\lim\limits_{z \to \infty} \frac{-24}{e^z+2} = 0$ und $\lim\limits_{z \to \infty} \ln\frac{e^z+2}{e^z} = \ln 1 = 0$ ist

$A = \lim\limits_{z \to \infty} A(z) = 8 - 4\ln 3$

> Exponentialfunktion
> Funktionsuntersuchung, Flächenberechnung, Extremwertaufgabe

Gegeben ist die Funktionsschar $f_a : x \to (x-2a)^2 e^{ax}$, $a \in R\setminus\{0\}$.

a) Bestimme die Definitionsmenge $D(f_a)$ und untersuche das Verhalten von $f_a(x)$, wenn x gegen die Grenzen des Definitionsbereiches strebt!

b) Untersuche f_a auf Nullstellen, Extrema und Wendestellen! (Eine hinreichende Bedingung für Wendestellen ist nicht erforderlich!)

c) Zeichne den Graphen für $a = -1$!

d) Berechne die Maßzahl der Fläche, die zwischen dem Graphen von f_{-1} und der x-Achse liegt!

e) Die Parallelen zu den Koordinatenachsen durch den Punkt $P(u | f_{-1}(u))$, $u>0$, bilden mit diesen ein Rechteck. Für welchen Wert u wird sein Flächeninhalt maximal?

Lösung:

a)
$D(f_a) = R$

$$\lim_{x\to\infty} f_a(x) = \begin{cases} \infty & \text{für } a>0 \\ 0 & \text{für } a<0 \end{cases} \qquad \lim_{x\to -\infty} f_a(x) = \begin{cases} 0 & \text{für } a>0 \\ \infty & \text{für } a<0 \end{cases}$$

b)

Nullstellen

$f_a(x) = 0 \iff (x-2a)^2 = 0 \iff x = 2a$

Extrema

$f_a'(x) = 2(x-2a)e^{ax} + (x-2a)^2 a e^{ax} = (x-2a)e^{ax}[2+a(x-2a)]$

$\quad = (x-2a)e^{ax}(ax-2a^2+2)$

$f_a'(x) = 0 \iff (x-2a)(ax-2a^2+2) = 0 \iff x = 2a \;\vee\; x = \dfrac{2a^2-2}{a}$

$f_a'(x) = e^{ax}[(x-2a)(ax-2a^2+2)]$

$f_a''(x) = ae^{ax}(x-2a)(ax-2a^2+2) + e^{ax}[ax-2a^2+2+a(x-2a)]$

$\quad = e^{ax}(ax-2a^2)(ax-2a^2+2) + e^{ax}[ax-2a^2+2+a(x-2a)]$

$\quad = e^{ax}(a^2x^2 - 2a^3x + 2ax - 2a^3x + 4a^4 - 4a^2 + ax - 2a^2 + ax - 2a^2)$

$\quad = e^{ax}(a^2x^2 - 4a^3x + 4ax + 4a^4 - 8a^2 + 2)$

$\quad = e^{ax}[a^2x^2 + 4a(1-a^2)x + 4a^4 - 8a^2 + 2]$

$f_a'(2a) = 0 \;\wedge\; f_a''(2a) > 0 \quad \text{Min}(2a \mid 0)$

$f_a'\left(\dfrac{2a^2-2}{a}\right) = 0 \;\wedge\; f_a''\left(\dfrac{2a^2-2}{a}\right) < 0 \;\Rightarrow\; \text{Max}\left(\dfrac{2a^2-2}{a} \;\Big|\; \dfrac{4}{a^2} e^{2a^2-2}\right)$

Wendestellen

$$f_a''(x) = 0 \iff a^2x^2 + 4a(1-a^2)x + 4a^4 - 8a^2 + 2 = 0$$

$$\iff x^2 + \frac{4(1-a^2)}{a}x + \left(\frac{2(1-a^2)}{a}\right)^2 = \frac{-4a^4 + 8a^2 - 2}{a^2} + \left(\frac{2(1-a^2)}{a}\right)^2$$

$$\iff \left(x + \frac{2(1-a^2)}{a}\right)^2 = \frac{2}{a^2}$$

$$\iff x = \frac{2(a^2-1) + \sqrt{2}}{a} \quad \vee \quad x = \frac{2(a^2-1) - \sqrt{2}}{a}$$

c)

$a = -1$: $f_{-1}(x) = (x+2)^2 e^{-x}$

x	-2,5	-2	-1	0	1	2	3	4	5	6
$f_{-1}(x) \approx$	3,0	0	2,7	4	3,3	2,2	1,2	0,7	0,3	0,2

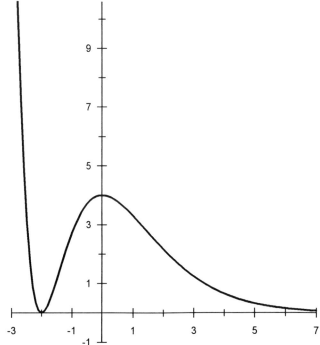

d)

$$A(z) = \int_{-2}^{z} (x+2)^2 e^{-x} dx$$

zweimalige partielle Integration

$u_1(x) = (x+2)^2$; $u_1'(x) = 2(x+2)$;

$v_1'(x) = e^{-x}$; $v_1(x) = -e^{-x}$

$$A(z) = -(x+2)^2 e^{-x} \Big|_{-2}^{z} + \int_{-2}^{z} 2(x+2)e^{-x} dx$$

$u_2(x) = 2(x+2)$; $u_2'(x) = 2$; $v_2'(x) = e^{-x}$; $v_2(x) = -e^{-x}$

$$A(z) = -(x+2)^2 e^{-x} - 2(x+2)e^{-x} \Big|_{-2}^{z} + \int_{-2}^{z} 2e^{-x} dx$$

$$= -(x+2)^2 e^{-x} - 2(x+2)e^{-x} - 2e^{-x} \Big|_{-2}^{z}$$

$$= -e^{-x}(x^2+4x+4+2x+4+2) \Big|_{-2}^{z} = -e^{-x}(x^2+6x+10) \Big|_{-2}^{z}$$

$$= -e^{-z}(z^2+6z+10) + 2e^2$$

$$A = \lim_{z \to \infty} A(z) = 2e^2$$

e)
Der Flächeninhalt des Rechtecks beträgt

$A(u) = u \cdot f_{-1}(u)$, $u \in \mathbb{R}^{>0}$

$\quad = u(u+2)^2 e^{-u} = (u^3+4u^2+4u)e^{-u}$

$A'(u) = (3u^2+8u+4)e^{-u} - (u^3+4u^2+4u)e^{-u}$

$\quad = e^{-u}(-u^3-u^2+4u+4) = -e^{-u}(u^3+u^2-4u-4)$

$A'(u) = 0 \iff u^3+u^2-4u-4 = 0$

Eine Lösung der Gleichung ist $u = -1$.

```
(u³+u²-4u-4):(u+1) = u²-4
-(u³+u²)
─────────
      -4u-4
    -(-4u-4)
    ────────
```

$A'(u) = 0 \iff u = -1 \lor u^2-4 = 0$

$\iff u = -1 \lor u = 2 \lor u = -2 \iff u = 2$

$A'(u) = -e^{-u}(u+2)(u+1)(u-2)$

$\left. \begin{array}{l} 0<u<2 \implies A'(u)>0 \\ u>2 \implies A'(u)<0 \end{array} \right\} \implies$ lokales Maximum

$A(2) = 32e^{-2} \approx 4{,}33$

Wegen $\text{r-lim}_{u \to 0} A(u) = 0$ und $\lim_{u \to \infty} A(u) = 0$ ist das gefundene lokale Maximum zugleich auch das absolute Maximum.